もっと絞れる

AWSコスト
超削減術

日経BP

はじめに

　現在のシステム開発において、クラウド環境の利活用は欠かせません。クラウドベンダーは自社サービスを拡充させ、インフラ構築だけでなくAI（人工知能）などの最新技術までも手軽に使える環境を整えています。クラウド環境なしに急変するビジネスに追従できるシステム構築は難しいのが現状です。

　クラウド環境を提供するベンダーの中でも注目したいのは米Amazon Web Services（アマゾン・ウエブ・サービス、AWS）ではないでしょうか。世界的にもユーザー数が多い同社のサービスは、優れたところがたくさんあります。例えば初期費用がかからず低価格でありながら、ユーザーに寄り添って継続的な値下げを実施しています。またAIなどの最新技術を用いたサービスや堅牢（けんろう）なセキュリティー機能を備えたサービスを提供しています。24時間の日本語サポートも日本人にとっては有益です。

　しかし最近、AWSサービスの活用を進めている企業のIT部門から「AWSのコストを見積もるのが難しい」「AWSサービスに想定以上のコストがかかってしまった」といった話を聞くことが増えてきました。IT現場に限らず、経営層からもよく聞く話です。AWSに支払う料金は従量課金制ですが、米ドル建てです。クラウド環境が一般的になった2020年前後の為替レートに比べると、2024年2月時点では円安です。執筆を進めていた2024年2月には1米ドルが150円を突破することもありました。多くの企業で想定以上のクラウドコストがかかっている可能性は高いでしょう。

　AWSのコストは円安になると増えるのは当たり前です。しかし原因は本当に円安だけでしょうか。実はAWSの使い方やシステム設計が原因となり、高コストになっている場合もあります。レファレンス通りの使い方でとどまっていないでしょうか。AWSの利用方法やシステム構築に関する情報は、比較的簡単に見つかります。AWSが分かりやすく情報を発信しているだけでなく、多くのユーザーが自身の取り組みをインターネットで公開しているからです。ですが、筆者は「実践的なやり方」についての情報が不足していると感じていました。この本を執筆するきっかけも、実践的なコスト最適化の方法を提示したいという思いがあったからです。

　現在、AWSを使っている人やコストについて課題意識はあるものの実践的な

アプローチにたどり着けない人、これから AWS で生成 AI などを活用した新しいサービスを構築したい人など、すべての AWS ユーザーに向けた「コストの削減」が本書のテーマです。AWS のコストを最適化し、AWS の優れたサービスを使い続けるため、本書では誰もが実践できる実用的で効率的な基本知識から驚きの削減テクニックまでを盛り込みました。

企業の IT 予算は限られています。AWS を適切に使うことでコストを削減し、余力を生み出し、そして新たなサービスの開発に投資する——。このコスト最適化こそが現在の IT 部門に求められているのです。

本書は 3 つの章で構成しています。第 1 章は基本、第 2 章は応用という位置づけにしています。既に長期にわたって AWS のコスト削減に取り組んできた読者の方は、第 2 章から読んでもらえればと思います。

特に第 2 章は、コスト最適化には欠かせない手法が盛りだくさんです。IT 現場のエンジニアだから生み出せたコスト削減テクニックに注目してください。実際に検証した結果も合わせて掲載しています。どれほどの効果があったのかが分かると思います。中には、コスト 9 割削減を達成できたテクニックもあります。ぜひ自社システムで活用できるかを検討し、導入してみてください。

第 3 章は AWS のコスト最適化に取り組んできたプロジェクトマネジャーや経営層といったビジネスサイドの立場から、開発におけるポイントをピックアップしました。筆者が所属する SBI 生命保険にとって、一連の AWS コスト最適化への取り組みは「技術の不確実性」を前提にした「実施してみないと分からないプロジェクト」ばかりでした。

プロジェクト開始当初は、プロジェクトメンバー全員が AWS についての十分な知見があったわけではありません。大量に買い込んだ AWS 関連の書籍で学習し、頭の中は AWS のハウツーでいっぱいとなりました。その状態で満を持してプロジェクトに取り組みましたが、実際にサービスを利用してみるとうまくいかないこともありました。想定以上のコストがかかってしまったり、手戻りが発生したりして苦労しました。

Amazon S3 を「えすさん」、QuickSight を「クリックサイト」と誤読する人がいたのですが、その間違いに気づく人すらいないほど、AWS については素人同然でした。今となってはいい思い出です。そんな何も知らない状態からプロジェ

クトを進めるうちに、徐々にAWSのポテンシャルや用途、応用先、活用イメージなどが見えてきました。

　最適なやり方を見つけるには、ムービングターゲットとの格闘が必要です。筆者も最初からすべてが思い描いた通りに進んだわけではありません。それでも困難を乗り越えられたのは、「AWSは面白い」「AWSのことが好きだ」という強い気持ちがあったからです。こうした気持ちさえあれば、どんな困難でも乗り越えられるはずです。

　本書がAWSサービスをさらにうまく使うきっかけとなり、皆様の革新的なサービスを生み出す一助となれば、これほどうれしいことはありません。

2024年2月

池山 徹

※本書に記載したAWSのサービス名や料金は2024年2月中旬時点のものです。基本的に東京リージョンの料金を記載しています。

CONTENTS

はじめに……………………………………………………………………………… 3

第 1 章　主要サービスのコスト最適化 ……………………………………… 9

1-1　ベストプラクティスから学ぶ　コスト最適化の基本 ………………………10

1-2　AWS のツールで事前見積もり　対象外のサービスには注意 ………………16

1-3　EC2 で迷ったら基準を選ぶ　お得な長期利用も視野に …………………… 20

1-4　ストレージサービスの最適化　S3 を第一候補に使い分ける …………………26

1-5　運用管理コストを考慮　RDBMS の選び方 ……………………………………38

1-6　接続数を見極めてサービスを選ぶ　ネットワークを最適化する設計 …………46

1-7　オンプレミス環境との接続　ネットワーク設計の勘所 ……………………………52

1-8　効率的なインフラ構築ツール　AMI と Image Builder の活用 ………………… 60

1-9　コスト可視化の準備　近道はマルチアカウント採用 ……………………………66

1-10　コスト配分タグで見える化　開発環境は優先的に付与……………………………72

1-11　最適化に欠かせない予算設定　Budgets を活用して自動化する ……………78

1-12　Cost Explorer でコストを確認　分析に欠かせない 4 つのステップ ………86

第 2 章　IT の現場が生み出した削減テク …………………………………93

2-1　利用クラスと転送処理に着目　S3 のコストは 9 割減も可能……………………94

2-2　ETL 処理に便利な Glue　Lambda に置換しコスト 9 割減 …………………100

2-3　コスト削減に効くマイクロサービス　導入時に注意する時間制約 ………… 108

2-4　本当に必要かを見極める　Athena のコスト削減 ……………………………116

2-5　分析に欠かせない Redshift　余計なデータ格納を回避 ……………………122

2-6　Aurora の運用コストを軽減　単純だが効果大の停止スケジュール………… 130

2-7　DynamoDB のコスト削減　読み書きのファイルサイズが鍵 ……………… 134

2-8　DynamoDB は割高になりがち　データの 2 重保存を回避 …………………140

2-9　検索サービスの Kendra　コスト下げる秘策はインデックス ……………… 144

2-10　バッチジョブ運用に効果あり　Step Functions でコスト削減 ………… 150

2-11　データのセキュリティー強化に必要　マスキング処理を安価に実現する… 154

2-12　アカウントはこまめに整理　QuickSight 運用の注意点 …………………… 160

第3章　プロジェクトで学ぶ削減術 ……………………………………… 167

3-1　AWSを選んで先行者利益を得る　分析の肝になるDWH構築 ………… 168

3-2　特有の「プロジェクトを定義する」　データの整理整頓を実施 ……………… 174

3-3　ユーザー部門は前向き　システム部門は不安がいっぱい ……………………… 178

3-4　生保業界で注目のDWH構築　アジャイル開発に初挑戦 ……………… 186

3-5　円安でコストが課題に　救世主となったLambda ………………………… 192

3-6　データの民主化を達成後　DWHを活用した業務改革へ ……………… 200

おわりに……………………………………………………………………… 206

第 1 章

主要サービスのコスト最適化

　第 1 章のテーマはコスト削減に欠かせない「基本原則」「主要サービスの設計」「ネットワーク設計」「可視化」「モニタリング」である。1-1 では、AWS が提唱するコスト最適化の設計原則である「AWS Well-Architected Framework」を取り上げる。コスト削減の基本的な考え方として有用なので、最初に紹介する。

　1-2 ～ 1-8 では、システムやアプリケーションの開発に欠かせない AWS の主要サービスのコスト削減について説明する。多くの企業が利用するサービスやネットワークの設計を理解し、よりサービスを低コストに利用しよう。

　AWS コストの削減には、利用サービスのコストを可視化してモニタリングする必要がある。利用中のサービスコストを常に確認して変動を把握する。これが削減に向けた第一歩となる。そこで 1-9 ～ 1-12 でコストの可視化に必要なタグ付けやモニタリングの方法を解説する。

1-1

ベストプラクティスから学ぶ
コスト最適化の基本

　2024 年 2 月時点で AWS が提供するサービスは 200 種類以上あり、それぞれの課金モデルが異なる。しかしすべてのサービスの課金体系を網羅する必要はない。使い始めるまでに多くの時間を要すれば「すぐに使い始められる」というクラウドサービスの恩恵を受けられない。そこで第 1 章では、「すぐに」「誰でも」実践できる主要 AWS サービスのコスト最適化テクニックを紹介する。

AWS Well-Architected Frameworkの考え方

　AWS サービスの内容に入る前に「AWS Well-Architected Framework[注1]」を紹介する。これは AWS が考える、AWS サービスを利用するためのベストプラクティスを基にしたフレームワークで大きく 6 つの柱がある。それが「優れた運用効率」「セキュリティー」「信頼性」「パフォーマンス効率」「コスト最適化」「サステナビリティー（持続可能性）」である（図 1-1-1）。AWS のサービスを利用してシステムやアプリケーションを構築する際は、このフレームワークに沿って開発を進めることで、クラウド環境における信頼性やセキュリティーの担保、コスト最適化を実現できるという。

　コスト最適化の柱には、AWS クラウド環境での費用を最小限に抑えるための戦略やベストプラクティスが示されている。無駄な支出を回避してビジネスの成果を最大化するため、図 1-1-2 の要素に重点を置いている。これらは AWS コストを最適化するのに欠かせないので、開発時には常に意識しておく必要がある。

・コスト意識の文化を醸成
　チーム全体でコスト意識を共有し、コスト最適化の重要性を理解することだ。

注1：　https://docs.aws.amazon.com/ja_jp/wellarchitected/latest/framework/the-pillars-of-the-framework.html

図1-1-1 AWS Well-Architected Frameworkの6つの柱

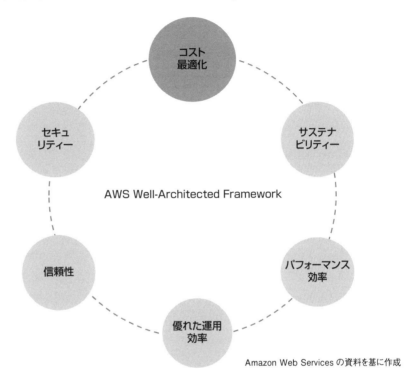

Amazon Web Services の資料を基に作成

AWSコストに対する責任を共有し、無駄な支出を回避するための文化を醸成する必要がある。チームリーダーのみがコストを意識するのではなく、開発チームのメンバー全員がコストに対して常に気を配る。開発するシステムやアプリケーションが最適なサービスを使っているのか、無駄なコストを費やしていないかなどをメンバー同士でチェックしなければならない。

・リザーブドインスタンスを活用

　仮想サーバーサービスの「Amazon Elastic Compute Cloud」（Amazon EC2、以下EC2）などのインスタンスは、長期利用を前提としたリザーブドインスタンスが用意されている。例えば東京リージョンでEC2インスタンスを利用する場合は、1年または3年の期間の利用を前提に事前購入できる。1年の利用では、利

図1-1-2　コスト最適化の柱

コスト意識の文化を醸造	**ストレージの最適化**
・コストに対する意識と責任の共有	・アクセス頻度や用途を考慮して選択
リザーブドインスタンスを活用	**効果的なデータ転送**
・長期利用の場合はリソースを事前に購入	・外部とやり取りする際にデータ転送量を抑制
適切なインスタンスタイプを選択	**サーバーレスアーキテクチャーを採用**
・アプリケーションの要件に応じて選択	・管理コストを低減し、リソースを効果的に利用
自動スケーリングを実装	
・負荷の変動にリソースを増減させて対応	

Amazon Web Services の資料を基に作成

用時間に応じて料金がかかる「オンデマンド」と比較して4割弱、3年の利用では6割弱の利用コスト削減が期待できる。料金を一括して支払う全額前払いを選択すれば、さらに安価に利用できる。PoC（概念実証）のような一過的な利用ではなく、長期利用を前提としている場合は活用しない手はない。

・適切なインスタンスタイプを選択

　AWSはさまざまなインスタンスタイプがある。EC2は x86_64 アーキテクチャーの CPU を搭載したインスタンスタイプや Arm アーキテクチャーの CPU を搭載したインスタンスなどがある。構築するシステムやアプリケーションで実施する処理は、どれほどのコンピューターリソースが必要なのかを見極めなければならない。要件に合った適切なインスタンスタイプを選択することが重要だ。必要なリソースに応じて最適なインスタンスタイプを選べばコストを抑えられる。

・自動スケーリングを実装

　システムやアプリケーションにかかる負荷が変動する場合は、自動スケーリングを実装する。コンピューターリソースを自動的に調整し、必要なときだけリソー

スを増加する。無駄なリソースの使用を避けられるため、コスト最適化には効果的な手段である。

・ストレージの最適化

　データのアクセス頻度に応じて、適切なストレージクラスを選択する。例えばオブジェクトストレージサービスである「Amazon Simple Storage Service」（Amazon S3、以下 S3）は、格納したデータへのアクセス頻度や転送量に応じた複数のインスタンスタイプを提供しており、それぞれ料金が異なる。低頻度でアクセスされるデータは低コストのストレージクラスに保存することでコストを削減できる。

・効果的なデータ転送

　AWS サービスでは、データ転送にコストが発生することがある。同じリージョンで、同じ AZ（アベイラビリティーゾーン）の中だけでデータを転送する場合は、基本的にコストはかからない。一方、AWS サービスからインターネットを経由してオンプレミス環境のシステムにデータを転送したり、同じリージョン内でも異なる AZ にデータを転送したりするとコストが発生する。こうしたデータ転送を最小限に抑えることで、コストの節約が可能だ。

・サーバーレスアーキテクチャーを採用

　サーバーレスアーキテクチャーは、常時稼働するサーバー（仮想マシン）を極力使わずにシステムを構築するアーキテクチャーを指す。必要なときに必要なだけ実行環境を利用するため、常時稼働する仮想マシンを利用してシステムを構築するのに比べて、クラウドサービスのコスト削減が期待できる。また AWS のサーバーレスアーキテクチャーはサーバー管理を AWS に任せられる。これは管理コストの削減に寄与する。

　システムの用途にもよるが、必要なコンピューターリソースが変動する場合は、リソースの効率的な利用を実現できる。サーバーレスアプリケーションは使用されていないときにはコストが発生しないため、コスト面での利点がある。

図1-1-3　コスト管理のPDCA

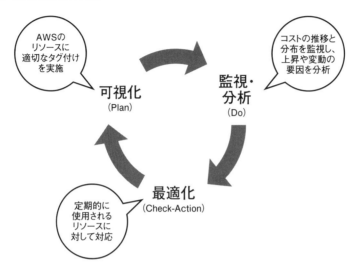

以上が AWS Well-Architected Framework のコスト最適化の柱である。どのような AWS のサービスを使うにせよ、これらの柱を意識してシステムやアプリケーションを構築するのが、コスト最適化への第一歩となる。

コスト管理のPDCA

　AWS が考えたフレームワークを解説したが、これに加えてコスト削減に向けた筆者の取り組みについて説明する。コスト最適化の柱に加えて実施したいのがコストの見える化だ。見える化によって、さまざまなメリットを享受できる。利用しているサービスごとにコストを把握できれば、コスト高になっているサービスを素早く把握できる。社内説明や予算管理などにもコストの見える化が必要だ。

　では、どのようにコストを見える化すればいいのだろうか。有効な策の1つにPDCA サイクルを回すことが挙げられる（**図 1-1-3**）。

（1）コストの可視化（Plan）

　コスト管理の第一歩は、AWS 上のリソースとサービスの使用状況を可視化し、どのように利用しているかを把握することである。そのためには AWS で使用す

るリソースに適切なタグを付けて、それぞれのリソースがどの部門やプロジェクトに関連しているかを明確にする。また過去の利用状況やプロジェクトの成長を考慮して将来のコストを予測し、適切な予算を設定する。

(2) コスト監視・分析（Do）

コストの可視化を実施した後、実際の利用状況を監視して詳細に分析する。有効なのは手法の1つにAWSのCost Explorerのダッシュボード機能などを使用して、コストの推移と分布を監視する方法がある。またコストの上昇や変動の要因を特定し、なぜそのような変動が生じたのかを分析する。例えばストレージに保存するデータの増加や利用者の増加に伴うトラフィックの増加などが原因となることがある。

(3) コスト最適化（Check-Action）

監視と分析を通じて得られた情報を基にコストを最適化するための計画を立てて実行する。定期的に使用されるリソースに対してリザーブドインスタンスを導入したり、使用されていないリソースを自動的にシャットダウンするスケジュールを設定したりして無駄なコストを削減する。

またパフォーマンスとコストのバランスを考慮して、アプリケーションのアーキテクチャーを見直し、より効率的な構成を検討することも必要だ。AWSコスト管理が継続的なプロセスとなるように計画を立てて実行し、その結果を評価して必要に応じて修正を加えることで、最適なコスト効率を達成できる。

身近な対策から始めよう

コスト最適化に取り組もうと思っても、どこから始めていいのか分からないだろう。AWS Well-Architected Frameworkのコスト最適化の柱はクラウド環境におけるコストを最小限に抑えるための戦略とベストプラクティスである。最適化に向けてまず知っておきたいフレームワークだ。

ただしコスト意識の文化の醸成などは、一朝一夕で達成できるものではない。一方、リザーブドインスタンスの活用や適切なインスタンスタイプの選択などは手軽な対策だ。こうした身近な対策から始めることをオススメしたい。

1-2

AWSのツールで事前見積もり 対象外のサービスには注意

　AWS サービスは原則従量課金制であり、使った分だけ課金される。オンプレミス（自社所有）環境のように事前にサーバーやストレージといったハードウエアリソースを綿密に設計してから購入する必要はない。ある程度のリソースをサイジングするだけで気軽に利用ができるのはクラウド環境の大きなメリットである。

　しかし事前にどれほどのコストがかかるのか分からないのでは困ってしまう。実際に運用してみたら想定以上のコストを要するという話はよく聞く。そこでコスト最適化に取り組む前に、コストの見積もり方法を理解しておかなければならない。

　AWS は「AWS Pricing Calculator」（以下、Pricing Calculator）というコスト見積もりツールを無料で提供している[注1]。Web ブラウザーから AWS サービスの利用料金を手軽に見積もれるのが特徴で、活用しない手はない。

　Pricing Calculator は、(1) サービスごとの見積もりを表示する、(2) 見積もりの内容をグルーピングする、(3) 見積もりを共有する、(4) 見積もり結果をファイルに出力する、という 4 つの基本機能を備える。

　(1) は AWS サービスごとに利用料金を計算可能だ。例えば Amazon EC2 とAmazon EBS、Amazon S3、Amazon RDS をまとめて利用する場合の見積もりをしたい場合、サービスごとの料金と合計料金を 1 画面に表示して確認できる。AWS サービスは組み合わせて使うことがほとんどだろう。

　(2) はシステムごとに見積もり結果を分けて確認したい場合に有用だ。例えばシステム A のグループとシステム B のグループを作成し、それぞれのグループで別々にサービスごとの料金を確認できる。グルーピングはシステム単位以外にも部門単位やシステム環境（本番・開発など）単位に分けてもいいだろう。

注1：　https://calculator.aws/#/

図1-2-1 Pricing Calculator利用手順（EC2の例）

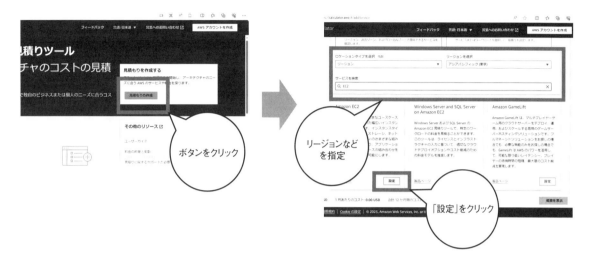

　各見積もり結果はURLのリンクを共有して他のユーザーでも閲覧可能となる。これは（3）の機能に相当するが、地味にありがたい機能だ。予算会議などで発表しなければならない場合、資料の用意は面倒な作業である。こうした資料作成の手間がPricing Calculatorによって省ける。

　（4）の機能で出力する見積もり結果は、複数のファイルフォーマットに対応している。例えばCSVファイルやPDFファイル、JSONファイルなどだ。（3）と同様に社内向けの説明資料や上層部向けの提案資料を簡単に作成できるため重宝するだろう。

Pricing Calculatorの利用方法

　Pricing Calculatorは簡単に利用可能だ（図1-2-1）。まず利用したいサービスを決める。この作業はPricing Calculatorの画面から利用したいサービスを検索して追加するだけである。

　続いてサービスの詳細設定を決める。先に選んだサービスのリソースプランやストレージ容量、機能などを選択する。

　最後に見積もり内容を表示する。見積もりを表示してサービスごとの料金を確

図1-2-2　コストを試算した結果

認し予算をシミュレーションする。利用したいサービスの「リージョン」を選択して、「サービスを検索」からサービス名を入力すると画面下に該当するサービスが表示される。あとは「設定」ボタンを押すだけだ（**図1-2-2**）。

　EC2 の場合は、ここで料金の割引プランを選択できる。リザーブドインスタンスを 3 年間前払いで利用する際に必要な料金などが一目瞭然である。またプランごとの料金をまとめて比較できるので、その都度見積もりを作成する手間を省ける。

無料枠は考慮しない

　AWS サービスの中には、無料利用枠が設定されている場合もある[注2]。例えばEC2 では、リージョンやインスタンスの種類によるが、最初の 12 カ月で 750 時

注2：　https://aws.amazon.com/jp/free/

図1-2-3 Pricing Calculatorがサポートしていないサービス(一部抜粋)

サービス名	Pricing Calculator がサポートしていない機能
Amazon EC2	追加する T2/T3/T4g における無制限 vCPU の使用時間や EC2 のレガシーインスタンス
Amazon S3	S3 Transfer Acceleration や Glacier Select、クロスリージョンレプリケーション
Amazon CloudFront	HTTPS リクエストや無効化リクエスト、SSL 証明書
Amazon RDS	RDS Aurora Global データベース
Amazon DynamoDB	グローバルテーブル
Amazon CloudWatch	アーカイブ済みのログやメトリクスストリーム
Amazon Redshift	旧世代のノードタイプ

Amazon Web Services の資料を基に作成

間／月の無料利用枠が設定されている場合もある。

　Pricing Calculator による見積もり結果は、無料利用枠の料金を考慮していない。そのため実際の利用料金よりも高く見積もってしまう可能性がある。実際に運用すると、想定したコストよりも安くなるので歓迎すべきだが、厳密に利用コストを見積もる場合は注意が必要だ。

　月額の利用料金を計算する際は、1カ月を730時間と想定して計算する。時間ごとに課金するサービスは、必ずしも見積もり通りとはならないことを考慮しなければならない。また Pricing Calculator は一部のサービスやサービス内の一部機能については、見積もり対象外となる（**図1-2-3**）。その点も注意してほしい。

1-3

EC2で迷ったら基準を選ぶ お得な長期利用も視野に

　AWS サービスを利用する際、多くの人が「Amazon EC2」の利用から始めるのではないだろうか。EC2 は AWS が提供する仮想サーバーサービスである。EC2 は AWS が独自に提供するハードウエアと、そのハードウエアの Hypervisor 上で動作するゲスト OS で成り立つ。ユーザーが CPU やメモリーを任意にサイジングでき、ゲスト OS は各種 Linux のディストリビューションや Windows、EC2 に最適化した AWS 独自 OS の Linux である Amazon Linux を利用できる。

　EC2 の利用料金は、CPU の種類やメモリーのサイズを選択する「インスタンスタイプ」と、それらの購入形態を選択する「購入オプション」によって決まる。

複数のインスタンスタイプがある

　EC2 のインスタンスタイプは複数あり、用途によって使い分ける。例えば「一般用途向け」のインスタンスタイプは、CPU やメモリー、ネットワーク帯域幅などがバランスよく配置されたインスタンスだ。常時稼働する Web サーバーなどは、サーバーリソースを一定の割合で利用する。このようなサーバーを構築するのに適している。

　一方、高度なグラフィック処理や機械学習などの用途に利用するインスタンスタイプもある。例えば「高速コンピューティング」というインスタンスだ。その名の通り高度な処理を実施するのに適したインスタンスであり、専用 GPU や標準のメモリーサイズが大きい。一般用途向けと比較すると、潤沢に各リソースが配置されている。

　ここでは代表的な 2 つのインスタンスタイプを紹介したが、EC2 のインスタンスタイプはこれだけではない。例えば「コンピューティング最適化」や「ストレージ最適化」、「メモリ最適化」などもある。コンピューティング最適化はバッチ処理や動画のエンコードなどの用途に向く。ストレージ最適化はビッグデータ処理や分散ファイルシステムの構築に向き、メモリ最適化はインメモリーデータベー

スなどの用途に利用できる。

突発的な案件も基準を選ぶ

　インスタンスタイプの選定方法を説明する。インスタンスタイプを選択する際は、利用したいインスタイプの大まかなスペックを選び、その中から CPU の種類や世代を選び、最後にリソースサイズを決定する流れになる。システム設計が済んでいる場合は、サーバーのサイジングもある程度分かっているだろう。適したインスタンスタイプを選定すればいい。

　しかし急な案件が発生し、AWS を用いて早急なシステム開発が必要な場合や、突然クラウド環境を利用したシステム構築が必要な場合は、システムのサイジングが終わっていないだろう。このような場合は、まず「一般用途向け」のインスタンスタイプを選定する。理由は主に 2 つある。

　1 つは「一般用途向け」はすべてのインスタンスタイプの「基準」となっていることだ。突発的な案件はシステムにかかる負荷が見通しづらい。そこで基準のインスタンスタイプを利用して EC2 の基準となるパフォーマンスを確かめる。コンピューターリソースが足りなければ、より高性能なインスタンスを選択すればいい。コンピューターリソースが余っていれば、さらに低コストのインスタンスタイプを選択する手もある。どちらにせよ、基準が分からない状態では、システムに必要なコンピューターリソースを把握しづらい。

　2 つめの理由は、クラウド環境のメリットを最大限に生かすためだ。EC2 のインスタンスタイプは、後からいくらでも変更可能である。これは EC2 だけに言えることではないが、AWS を利用する際はまず無難なサービスを使ってみることが大切だ。クラウドサービスのメリットは、すぐに使えることと、後からいくらでも変更できることである。そのメリットを最大限に生かすためにも、まず使ってみる。リソース不足ならば、インスタンスタイプを変更すればいい。

インスタンスの命名ルール

　インスタンスタイプを選択する際には、「m4.xlarge」などの見慣れない名称から選択する（**図 1-3-1**）。

　一見すると分かりづらいが、命名ルールは単純だ。最初の頭文字の「m」が用

途を表すと考えればいい。次の「4」がインスタンスタイプの世代であり、数字が大きくなるほど新しい世代を意味する。

　最後の「xlarge」がインスタンスのリソースのサイズ（インスタンスサイズ）である。CPU のコア数やメモリーサイズ、利用できるネットワークの帯域などが異なる。例えば m4.large であれば、CPU のコア数は 2 つ、メモリー 8GiB を搭載したインスタンスを生成し、m4.xlarge は CPU のコア数は 4 つ、メモリー 16GiB を搭載したインスタンスを生成する。さらに高性能なインスタンスが必要な場合は m4.2xlarge や m4.4xlarge を選択する。主なインスタンスサイズの命名ルールは、medium が小さく、large、xlarge、2xlarge···、と徐々に利用できる CPU のコア数やメモリー容量、ネットワークの帯域幅などが増えていく。プロセッサーファミリーが付与されているインスタンスタイプもある。例えば「c7gn.xlarge」といったインスタンスタイプの「g」がプロセッサーファミリーに相当する。「g」はAWS Graviton プロセッサーを意味し、「i」は米 Intel、「a」は米 AMD のプロセッサーということを示す。

　リソースサイズを選択するところまで進めば、これまでオンプレミス環境で利用しているサーバーの CPU コア数やメモリーサイズなどからある程度のサイジングができるだろう。

図1-3-1　EC2インスタンスの命名ルール

Amazon Web Services の資料を基に作成

付属するストレージはあるが用途は限られる

　EC2 は仮想サーバーサービスなので、OS や各種アプリケーションなどのデータを格納するストレージが必要だ。EC2 で利用できるストレージは、(1)「EC2 インスタンスストア」と「Amazon Elastic Block Store」(以下、EBS) の 2 つに分類される。ここで利用するストレージを整理しておく。

　(1) は、いわば EC2 の内蔵ストレージのようなものだ。EC2 を利用する際に必ず付属するストレージである。EC2 の料金内で利用できるため、キャッシュデータや一時保管用のデータなどで利用することを推奨する。

　ただし内蔵ストレージのようなものであるが、EC2 を停止したり、終了したりすると、インスタンスストア上のデータはすべて消去される。長期間保管が必要なデータや永続的に利用するデータを格納するのには適さない。

　(2) は EC2 インスタンスストアと異なり、EC2 から独立したストレージである。EC2 のインスタンスとネットワークを介して接続するブロックストレージとなる。EC2 を停止したり、終了したりしてもデータは消去されない。永続的にデータを保管できる。

　「EBS 最適化オプション」を利用すれば、EC2 のインスタンスが利用するネットワーク帯域と別に、EBS と接続するための専用帯域を確保できる。より高いパフォーマンスも得ることが可能である。ただし EC2 インスタンスストアと異なり、EC2 の料金以外に EBS の利用料金がかかるため注意したい。

購入オプションでコストを最適化

　ここまで紹介した EC2 のインスタンスタイプだが、「購入オプション」というさまざまな購入方法がある。購入オプションは主に、(1)「オンデマンドインスタンス」、(2)「リザーブドインスタンス /Savings Plans」、(3)「スポットインスタンス」の 3 つだ。

　(1) は EC2 の「定価」に相当する。初期費用などは発生せず、利用した分を時間単位で支払う従量課金制だ。初めて EC2 を利用する場合は、とりあえずオンデマンドの購入オプションを選択すればいいだろう。ただし開発・運用がある程度進んできたら必ず購入オプションを再度検討しよう。これが EC2 のコスト

最適化の一歩である。

　まず適切に選んだインスタンスタイプのリソースを利用しきれているかをモニタリングする。運用に問題が生じていなければ「長期契約」の購入オプションを検討する。システムに対するリソース負荷が読めない場合は、AWS が負荷に合わせてコンピューターリソースを自動的に増減する「Amazon EC2 Auto Scaling」を使う。負荷軽減を実施する場合もオンデマンドで利用することが望ましい。

　（2）のリザーブドインスタンス /Savings Plans は、あらかじめ決めたインスタンスタイプやインスタンスサイズを長期契約することで割引される購入オプションである。1 年と 3 年契約があり、さらにすべて前払いや一部前払いのプランもある。

　リザーブドインスタンスを利用すると、大幅なコスト削減が可能だ。例えばインスタンスタイプを「一般用途向け」とした場合、**図 1-3-2** のインスタンスサイズを選択したとして利用料金を算出してみよう。EC2 の想定稼働時間を 24 時間 365 日として、EC2 インスタンスストアのみを利用する。オンデマンドでは 2172.48 米ドル／年（インスタンス単価 0.248 米ドル× 24 時間× 365 日）の料金がかかるのに対して、3 年間一括前払いのリザーブドインスタンスでは 817 米ドル／年で済む。およそ 62％のコスト削減につながる。

　Savings Plans も長期契約によって割引されるプランである。リザーブドインスタンスとの違いは、インスタンスタイプやインスタンスサイズを決めなくてもいいことだ。1 時間当たりの利用想定金額を指定して、その料金を 1 年か 3 年にわたって利用することをコミットして割引される。

　リザーブドインスタンスと Savings Plans はどちらも対象の EC2 で利用するコンピューターリソースが安定していて、長期利用の見込みがある場合に適した購入オプションである。数年間の利用が見込まれるシステムに採用したい。

　ただし注意点もある。Savings Plans は、1 時間当たりの利用想定金額を自ら算出しなければならない。実は利用金額を想定するのは難易度の高い作業となる。初めて EC2 を利用する場合やインスタンスタイプ、インスタンスサイズが決まっていない状態で飛びつくと後悔する可能性もある。長期利用の場合は、まずリザーブドインスタンスから検討することをオススメする。

図1-3-2　EC2のインスタンス例

インスタンス名	vCPU	メモリ (GiB)	インスタンスストレージ	ネットワーク帯域幅 (Gbps)	EBS帯域幅 (Gbps)
m5.xlarge	4	16	EBSのみ	最大10	最大4750

Amazon Web Servicesの資料を基に作成

　(3) のスポットインスタンスは利用されていないリソースを、空いている時間だけ利用できる「スポットEC2」である。割引率も高く、オンデマンドインスタンスと比べて最大90%割引される。しかしあくまでスポットインスタンスなので、空きリソースがなくなるとそのEC2は途中で利用できなくなる。単体システムの運用には難しいだろう。複数のEC2を利用するシステムに適用し、負荷が少ない時間帯や期間だけ一部スポットインスタンスを活用するといった方法が有効だ。

1-4

ストレージサービスの最適化
S3を第一候補に使い分ける

AWS コストの最適化を目指すうえで、ストレージサービスに要するコストを考えるのは重要だ。システム開発にはさまざまなリソースが必要になるが、ストレージは欠かせないリソースである。現在は大量データを扱うシステムが増えている。例えばデータ分析や AI（人工知能）、機械学習を実施するシステムなどである。これらのシステムは、データを大量に保存しておくストレージが欠かせない。

オンプレミス環境と異なり、クラウド環境はデータ量の増減に合わせて利用料金を調整できる。必要なときに必要なだけストレージ容量を増減できるストレージサービスのメリットは大きい。

一方、ストレージサービスにデータを保存すればするほど、運用コストは上昇する。AWS が提供するストレージサービスの数は多い。適切なストレージサービスにデータを保存しなければ、思わぬコスト高を招くことになる。とりわけデータを削除せず保存を続ける場合は、徐々にストレージコストが上昇するので注意が必要だ。

大容量コンテンツの格納に適するS3

AWS が提供する代表的なストレージサービスが「Amazon S3」と「Amazon EBS」、「Amazon Elastic File System」（以下、EFS）だ。S3 と EBS、EFS はそれぞれ「オブジェクトストレージ」と「ブロックストレージ」、「ファイルストレージ」に分類される。これらのストレージサービスは用途が異なり、データを保存するためのコストも違う。特徴を押さえて、適切に選定することが肝要である。

まず S3 から見ていこう。S3 は低コストで利用できるにもかかわらず、高いパフォーマンスと可用性がある。おそらく紹介する3つのストレージサービスのなかでも、S3 は最も利用されているのではないだろうか。

S3 は AWS が初期に提供したサービスの1つであり、拡張を重ねてきたため機能も多い。一部のストレージクラスを除き、基本的に最低3つの AZ にまたが

る冗長化がなされており、耐久性も99.999999999％とイレブンナインが保証されている。しかも保存できるデータの容量は無制限だ。1オブジェクト当たり最大5TBまで保存できる点もありがたい。

キーでオブジェクトを識別

S3はデータをオブジェクトという単位で管理する。データをフラットな論理空間に格納するため拡張性が高い。格納したデータを参照するにはHTTPやHTTPSといった通信プロトコルを利用して、「Key（キー）」と呼ぶユニークなIDを用いる（**図1-4-1**）。格納するデータの容量に制限がないので、大容量のデータやコンテンツファイルを保存する際に重宝する。

S3には「バケット」と「オブジェクト」、「セキュリティー」という大きく3つの特徴がある。バケットはデータ（オブジェクト）を保存する入れ物のようなもので、例えるならタンスの引き出しの1つだと考えてもらえればいい。バケットはアカウントごとにデフォルトで100個まで作成でき、用途に合わせてタンスの引き出しを増やすことが可能である。ただしバケット1つひとつに名前を付ける必要があり、一部のリージョンを除き、原則一意でなければならない。

オブジェクトはバケットの中に保存するファイルそのものを指すが、厳密に言

図1-4-1　Amazon S3のバケットのイメージ

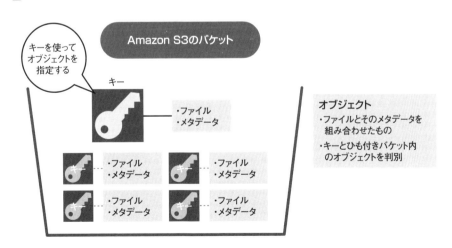

えばファイルにメタデータを加えたものである。1つのオブジェクトの最大サイズは5TBで、バケット内のオブジェクトを参照するには「保存先のフォルダーのパス＋ファイル名」で示されたキーを利用する（**図1-4-2**）。

　オブジェクトストレージはデータを保存することが主な機能であるが、セキュリティーを担保するための機能も備えている。保存するデータの中に、個人情報や機密情報などが含まれている場合もあるだろう。このようなデータは漏洩が許されない。S3は、セキュリティー強化に向けた機能が多く備わっている。コストとは直接関係しないが、ここで3つの機能を紹介しよう。

　1つめはデータの暗号化である。S3は保存したオブジェクトを暗号化できる。多くの暗号化方式に対応し、保存した機密情報が万が一インターネットに流出しても解読が難しくなる。

　2つめのセキュリティー機能が「ブロックパブリックアクセス」である。S3に

図1-4-2　Amazon S3に格納したオブジェクトを参照した様子

保存したデータには、インターネットを介して容易にアクセスできる。もしバケットやキーの名前が漏れてしまうと、機密情報流出のリスクが高まる。そのためインターネットへの公開をそもそもブロックして強制的に非公開とする機能がある。これがブロックパブリックアクセスである。

　3つめの機能がアクセス制御だ。各バケットやオブジェクトに対するアクセスをポリシーで制御できる。ユーザーごとだけでなく、バケットやオブジェクト単位でもアクセス権限を柔軟に設定できる。

S3のコスト最適化

　S3のコストは「ストレージクラス」と「データ転送帯域」、「リクエスト・取り出し頻度」の3つで決まる。

　ストレージクラスはアクセス頻度に応じた従量課金制であり、S3のユーザーは適切なストレージクラスを選んで利用することになる。もちろん大量のアクセスに耐えられるストレージクラスほど高価である（図1-4-3）。例えば「S3 Standard」というストレージクラスは、頻繁にアクセスされるストレージを構築するのに適しており、1GB当たりの月額料金は0.023～0.025米ドルだ。

　一方、ほとんどアクセスされないストレージを構築するのであれば、「S3 Glacier Deep Archive」を選択する。このストレージクラスなら1GB当たりの月額費用は0.002米ドルであり、S3 Standardの約10%以下で済む。ただしデータへのリクエスト費用や取り出し費用などが高くなることや、取り出し時間が標準12時間以内と長い。

　続いて、データ転送帯域を見ていこう。S3に保存したオブジェクトをインターネットや別リージョンのS3に向けて転送した場合、転送容量と転送先リージョンに応じてコストが発生する。例えばS3からインターネットに対してデータを転送する場合は、0.114米ドル/GB（最初の10TB/月の場合）が必要になる。これはストレージクラスに関係なく同額だ。

　S3のバケットに「PUT」「COPY」「POST」などのリクエストをした場合、その数と取り出すデータ量によってコストが発生する。コストはストレージクラスごとに異なり、例えば「S3 Standard」ならば取り出し費用は無料。一方の「S3 Glacier」シリーズはコストが発生するため注意が必要である。

図1-4-3　ストレージクラス

	S3 Intelligent-Tiering	S3 Standard	S3 Standard-IA	S3 Glacier Instant Retrieval	S3 Glacier Flexible Retrieval	S3 Glacier Deep Archive	S3 Express One Zone	S3 One Zone-IA
AZ配置	3つ以上のAZ						1つのAZ	
想定されるデータタイプ	アクセスパターンが変化するデータ	頻繁にアクセスされるアクティブデータ	アクセス頻度が低いデータ	ほとんどアクセスされないデータ	アーカイブデータ	長期保存用のアーカイブデータ	頻繁にアクセスされるデータ	再作成が容易でアクセス頻度が低いデータ
設計上の耐久性	99.999999999%							
レイテンシー	ミリ秒単位のアクセス	ミリ秒単位のアクセス	ミリ秒単位のアクセス	ミリ秒単位のアクセス	分から時間単位のアクセス（数分〜12時間）	時間単位のアクセス（数分〜12時間）	1桁ミリ秒のアクセス	ミリ秒単位のアクセス
ストレージ価格（米ドル/GB・月）	0.002〜0.025	0.023〜0.025	0.0138	0.005	0.0045	0.002	0.18	0.011

推奨
汎用的な利用が可能

Amazon Web Services の資料を基に作成

コスト最適化に欠かせないクラス選定

　S3 のコストは、ストレージクラスで決まると言っても過言ではない。コスト最適化に向けてストレージクラスをどのように選定すればいいだろうか。

　S3 のストレージに対して、アプリケーションからのアクセスが頻繁に発生するようなケースは、迷わず「S3 Standard」を選択したい。さらにアクセス数が多い場合やミッションクリティカルなシステムで利用を考えているなら「S3 Express One Zone」を選ぶ。2023 年 11 月に AWS が発表したストレージクラスで、「S3 Standard」の約 10 倍のパフォーマンスを備え、さらに低レイテンシーを実現している。

　ただコスト最適化に向けて筆者がオススメするストレージクラスは「S3 Intelligent-Tiering」である。このクラスはオブジェクトストレージへのアクセスパターンを分析し、それに基づいてオブジェクトを最適なアクセス階層に移動さ

せる。コストを最適化するストレージクラスだ。

　アクセス階層には、高頻度アクセス階層や低頻度アクセス階層、アーカイブイ
ンスタントアクセス階層という3つがあり、高頻度アクセス階層はS3 Standard
と同等の低レイテンシーで高パフォーマンスな品質を提供する。

　一方、アクセスが少ないオブジェクトは低頻度アクセス階層やアーカイブイン
スタントアクセス階層に自動的に移動する。AWSによれば、S3 Standardと比
較して低頻度アクセス階層は最大40%、アーカイブインスタントアクセス階層は
最大68%のコストを削減できるとしている。データを取り出すコストも原則不要
なので経済的なメリットは大きい。

　ただし128KB未満のデータは、移動対象にならない。こうした小さなデータ
は高頻度アクセス層に保存されるため、扱うデータのほとんどが128KB未満の
場合は、恩恵を受けにくいので注意が必要だ。

　もちろんS3で扱うデータに対してのアクセス頻度や保存要件がきちんと定
まっている場合は、それに基づきS3 StandardとS3 Glacierの中から適切なスト
レージクラスを組み合わせる。データへのアクセス頻度や保存要件がきちんと決
まっていなかったり、運用中に頻度を分析する予定だったりするなら、S3
Intelligent-Tieringの採用を検討してほしい。

ブロックストレージのEBS

　EBSは、データをブロック単位で管理するストレージだ。EC2インスタンスと
直接接続し、サーバーのローカルディスクとして利用する。データへのアクセスは、
SCSIやファイバーチャネル（FC）を利用するので高速だ。データベースに格納
するデータを保存するなど、低レイテンシーと高いIOPS（Input/Output per
Second、I/O毎秒）が求められるシステムに適している。

　EBSに格納したデータは、各AZ内で複数レプリケートされるため、それ以上
のRAID構成は不要である。99.999%の可用性を備えるように設計されていて、
利用できる容量は1GiB単位で最大64TiBだ。

　ただしローカルディスクという扱いなので、S3と異なりアクセスできる範囲は
制限される。EBSはAZごとに独立しているため、同一AZのEC2インスタン
スのみ接続可能である。別のAZに配置したインスタンスは接続できない（**図**

図1-4-4 EBSの特徴

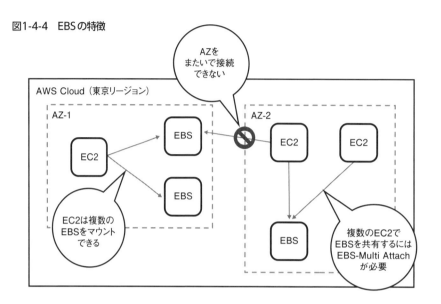

1-4-4）。EC2 インスタンスから接続する場合、1つのインスタンスから複数の EBS には接続できる。一方、1つの EBS を複数の EC2 のインスタンスで共有するには、「Amazon EBS-Multi Attach」という機能を使う必要がある。

ちなみにローカルディスクという扱いだが、実際は EC2 インスタンスと EBS はネットワークを介して接続している。ただしユーザーが意識する必要はなく、セキュリティーグループによる通信設定も対象外だ。

ボリュームタイプを意識する

EBS が提供する保存領域をボリュームと呼ぶ。保存先のハードウエアが SSD なのか、または HDD なのかによって大きく2つのボリュームタイプに分けられる。当然、高速な SSD を選択すると、そのぶんコスト高になる。

SSD を利用するボリュームタイプには、大きく「汎用 SSD（gp3 および gp2）」と「プロビジョンド IOPS（io2 Block Express および io1）」という2種類がある。汎用 SSD の IOPS やスループットは HDD を採用するボリュームタイプよりも相対的に高い。利用シーンはデータベース管理システム（RDBMS）のインストール先や小規模システムにおけるデータの保存先、テスト環境の利用などが考えら

れる。

　プロビジョンドIOPSはSSDでボリュームを構成するが、汎用SSDと比較すると高いIOPSやスループットを実現する。そのため大規模システムにおけるデータの保存先として利用したり、高い負荷がかかるRDBMSなどに利用したりできる。より高い性能を要するシステムに適している。

　HDDを使うボリュームタイプは、「スループット最適化HDD（st1）」や「Cold HDD（sc1）」がある。SSDほどのIOPSやスループットはない。大量データに対してETL（変換／抽出／ロード）処理を施すといった即時性が必要ないシステムに適している。sc1はst1よりもさらにIOPSやスループットが低い。そのため、バックアップデータやログデータの保存に適している。

　ボリュームサイズは新規作成時に設定するが、EC2インスタンスに接続している最中でもサイズやIOPSを拡張できる。ボリュームタイプを変更することも可能だ。ただしボリュームサイズを拡張できるが縮小はできないので注意したい。

　またEBSはスナップショットを作成して、バックアップを構築できる。スナップショットを取得する際は、EBSを利用していない状態で実施するのが望ましい。スナップショットはリージョン間でコピーできるので、東京リージョンのコピーを大阪リージョンに配備すれば、バックアップ用のスナップショットになる。簡易的だがディザスターリカバリー環境の構築にも役立つ。

EBSのコスト最適化ポイント

　EBSのコストは「ボリュームタイプ」と「ストレージ容量」、「IOPS値（io2 Block Expressおよびio1）」、「スナップショット容量」で決まる。基本的にボリューム作成時に決めた容量にかかる料金が主となる。

　EBSはその特徴から高IOPSや高スループットが必要なEC2インスタンスのローカルストレージと考えればいい。そのため大量のログを保存したり、ちょっとしたデータの置き場として利用したりすると、それらの用途に対するコストメリットが得られない。こうしたデータはS3に保存すべきである。

　EBSは同一AZでしか利用できず、用途が限られると言える。そこでS3が利用できるのであれば、そちらを利用することを検討したい。S3のほうが容量単価は低い。EBSを利用する特別な理由がなければ、データはS3に保存したほう

がコストメリットを得られる。

　どうしても EBS を利用しなければならない場合は、少ない容量で開始する。ボリュームサイズに応じた課金となるため、最初から大容量のボリュームサイズを確保すると、利用していない容量に対してコストが発生してしまう。こうした考え方はオンプレミス環境とは根本的に異なる。パブリッククラウドならではの発想で設計することが重要だ。

EFSの特徴

　最後に EFS の概要と、コスト最適化について説明する。EFS はネットワークファイルシステム（NFS）を用いたストレージサービスだ。複数の EC2 インスタンスからネットワーク経由で EFS にアクセスできる。特徴はリモートにあるファイルをマウントし、ローカルファイルのように扱えることだ。ただし EFS は、Windows で一般的な CIFS や SMB といったファイル共有プロトコルをサポートしていない。そのため Linux からファイルをマウントして利用する。

　EBS と異なり、複数の AZ にある複数の EC2 インスタンスからアクセスできる（**図 1-4-5**）。IOPS やスループットの性能は EBS のほうが高いが、分散処理やビッグデータ分析、Web 配信サーバーの構築などで利用する場合は、EFS が適している。ユースケースとしては、S3 がサポートされていないアプリケーションのファイル共有や、単純な NFS ファイルサーバーとしての運用などが考えられる。

EFSはフルマネージドサービス

　EFS はフルマネージドサービスである。ユーザーがファイルやディレクトリーを追加したり、削除したりすると、合わせて適切な容量に拡張や縮小する。容量を気にする必要はなく、拡張や縮小によるサービスの停止もない。運用管理の手間を大幅に削減できる。

　高いスループットが必要な場合は、パフォーマンスモードを切り替えることで対応できる。EFS には「汎用モード」と「最大 I/O」があり、基本的には汎用モードで問題ない。最大 I/O モードを選択すると、何千台のクライアントから同時にアクセスしても耐えられるだけのパフォーマンスを得られる。

　EFS のコストは「ストレージ」と「スループットとデータアクセス」で決まる。デー

図1-4-5 EFSの特徴

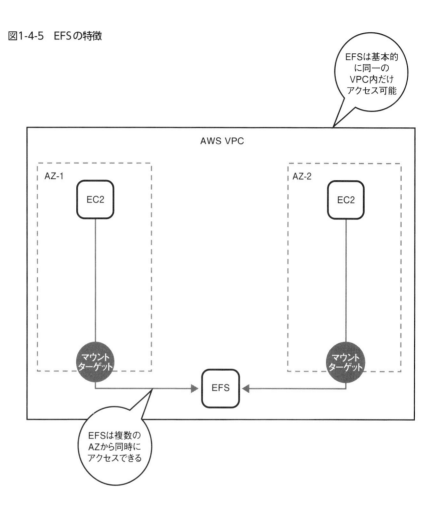

タ転送量やリクエスト数による料金は発生しない。ストレージは保存した容量に相当する。スループットとデータアクセスは読み書きしたファイル容量である。

　EBSと比較すると、EFSは分散処理を実装したり、複数クライアントからの共有アクセス先を構築したりするのに適している。例えば共有ファイルシステムが必要になった際、EC2とEBSを組み合わせてNFSを構築するよりも、EFSを利用したほうがコストメリットは大きい。EBSのストレージコストだけでなく、EC2インスタンスのコストもかかるからだ。このようなケースでは積極的なEFS

の活用することをオススメする。

コストはS3が優位

　ここでは S3 と EBS、EFS を紹介した。用途によって適切なストレージは異なるため、実装するシステム要件に合わせて選択しなければならない。

　ただし最近のシステム開発の現場にはサーバーレスやマイクロサービスなどのアーキテクチャーが浸透し始めている。こうしたアーキテクチャーを用いる場合は、S3 を活用するケースが多いはずだ。コストの観点で見ても S3 はとても安価なストレージサービスである。ストレージを選ぶ際は、まず S3 で十分かどうかを検討したい。

1-5

運用管理コストを考慮
RDBMSの選び方

　AWS が提供する RDBMS サービスには、「Amazon RDS」（以下、RDS）や「Amazon Aurora」がある。ここでは、2つの RDBMS サービスの概要とコスト最適化について説明する。

複数のデータベースエンジンに対応

　まず RDS の概要から説明する。RDS は AWS が提供するフルマネージドの RDBMS サービスである。RDBMS の運用管理に必須な OS 管理やパッチ適用、バックアップ作成、障害検知、リカバリーなど、データベースエンジニアが従来実施していた作業を、丸ごと AWS が引き受けてくれる。ユーザーは煩わしい運用管理の業務から解放され、他の開発にリソースを集中できる。

　RDS はさまざまなデータベースエンジンを利用できるのが特徴だ。例えば PostgreSQL や MySQL、Oracle、MariaDB などだ。オンプレミス環境で利用していたほとんどの RDBMS に対応していると言っても差し支えないだろう。

　ただし各データベースエンジンに応じて一部制約があるので注意したい。例えば Oracle データベース互換の「RDS for Oracle」の場合は、Oracle RAC や Oracle DataGuard、Oracle Recovery Manager（RMAN）といった代表的な機能を利用できない。またサポートするバージョンが限定されていたり、利用できるインスタンスのリソースサイズに上限があったりする。これらの制約が問題になるなら、EC2 などを用いて仮想サーバーにデータベース管理システムを構築するほうがいいだろう。

複製を簡単に作成できる

　RDS はデータベースの障害時の影響を最小化するレプリケーション（複製）を簡単に実現できる。実現方法は「マルチ AZ 配置」「リードレプリカ」「マルチ AZ DB クラスター」の3つだ。

　まずマルチ AZ 配置から説明しよう。マルチ AZ 配置は自動フェールオーバー
とスタンバイレプリカを使う。自動フェールオーバーは AWS が RDS の複製（ス
タンバイレプリカ）を異なる AZ に配置し、スタンバイ用の RDS にデータを同期
することだ（**図 1-5-1**）。

　元々の RDBMS（プライマリーインスタンス）に障害が発生しても、自動的に
障害を検知して異なる AZ に配置されたスタンバイレプリカに処理が引き継がれ
る。障害を検知してから 60 〜 120 秒程度で切り替えられる。

　スタンバイレプリカには、常にプライマリーインスタンスのデータが同期されて
いる。ただしマルチ AZ 配置の場合は、スタンバイレプリカのデータを読み込む
ことはできない。またプライマリーインスタンスと同じ AZ にスタンバイレプリカ
は配置できない。あくまでもプライマリーインスタンスの可用性を高めることと、
データ保護の機能である。

　リードレプリカはプライマリーインスタンスをマスターとする読み込み専用のセ
カンダリーデータベースである。読み込み専用のデータベースを作成することで、
更新処理と読み込み処理を分離し、複雑なクエリー処理や大量データの分析など
を高速に実施できる。更新処理の負荷を軽減することも可能だ（**図 1-5-2**）。

　マルチ AZ 配置の高可用性と、リードレプリカの負荷分散・高パフォーマンス

図1-5-1　マルチAZを利用するため耐障害性が高い

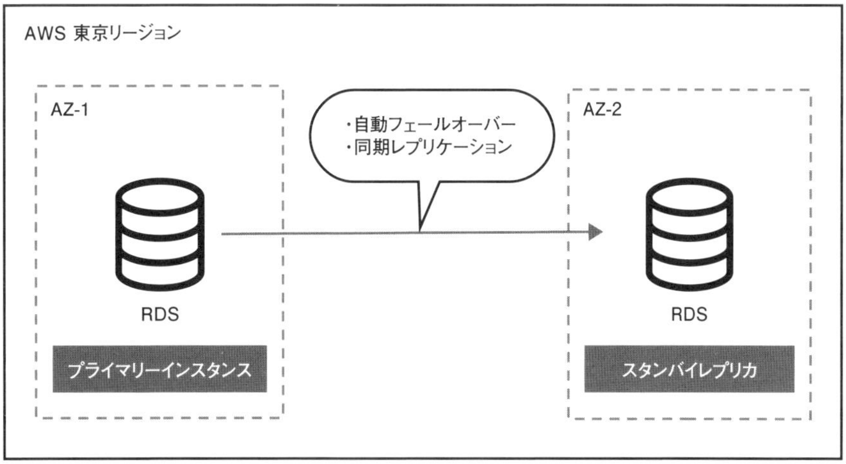

Amazon Web Services の資料を基に作成

図1-5-2　マルチAZでリードレプリカを作成できる

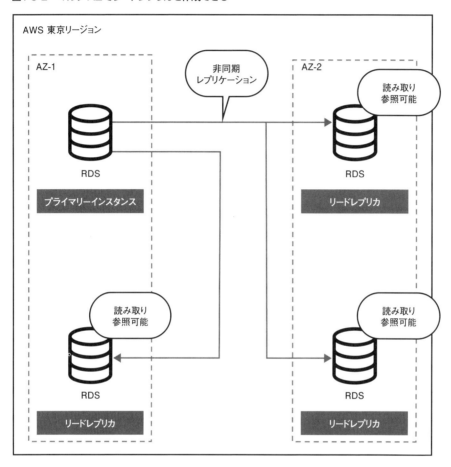

Amazon Web Services の資料を基に作成

　の機能を両方備えた仕組みがマルチ AZ DB クラスターである。基本的な機能は
マルチ AZ 配置と同じだが、スタンバイレプリカを 2 つ用意することでフェール
オーバーの時間を 35 秒以内まで短縮できるという（図 1-5-3）。

　またスタンバイレプリカはリードレプリカとしても機能するので、読み込み処
理などが可能である。これにより、マルチ AZ 配置の高可用性に加えて、リード
レプリカを活用した高パフォーマンスが期待できるのだ。

図1-5-3 マルチAZにDBクラスタを配置できる

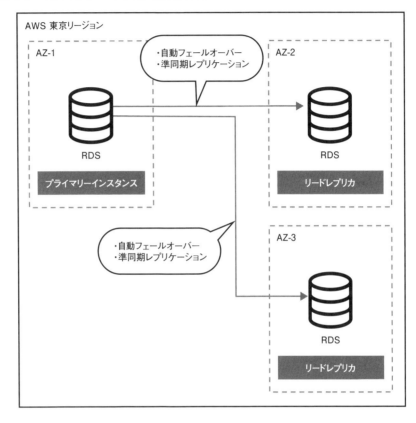

Amazon Web Services の資料を基に作成

インスタンスタイプと選定方法

RDS には EC2 と同じくさまざまなインスタンスタイプが用意されている。EC2 のように CPU のコア数とメモリー容量、ネットワーク帯域幅を中心に選定する。命名ルールも似ているので分かりやすいだろう（図 1-5-4）。

最適なインスタンスタイプの選び方は、EC2 と同じだ。まずインスタンスタイプの中から利用したいタイプの大まかなスペックを選択する。その中から CPU の種類や世代を選ぶ。最後にリソースサイズを決定するといった流れだ。

図1-5-4　RDSインスタンスの命名ルール

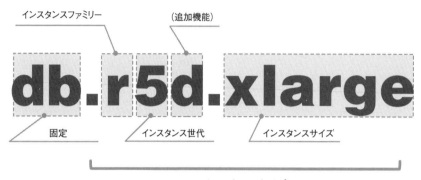

Amazon Web Services の資料を基に作成

　RDS インスタンスには「汎用タイプ」と「メモリ最適化タイプ」がある。RDS を利用するアプリケーションやシステム処理がメモリーを多く利用するならば、メモリ最適化タイプを選択すべきだろう。それ以外は汎用タイプで十分である。ただしインスタンスはできるだけ新しい世代を選択してほしい。同じCPUの種類でも世代が新しいほうが高性能でコストパフォーマンスが高いからだ。

　ストレージは「GP2（汎用SSD）」と「PIOPS（プロビジョンドIOPS）」、「Magnetic」の3種類がある（**図1-5-5**）。Magnetic は下位互換向けの非推奨ハードディスクを利用するため、これを除いた2種類から選択することになる。性能はPIOPSのほうが安定性に優れ、高パフォーマンスであるがコスト高だ。利用するシステムやアプリケーションの要件に従って選定する必要がある。

Auroraは至れり尽くせり

　Aurora は、AWS が開発した MySQL と PostgreSQL 互換のマネージドデータベースだ。AWS 独自のデータベースエンジンでパフォーマンスの向上と高可用性を実現している。

　RDS のマルチ AZ DB クラスターと同様にプライマリーインスタンスとは別のAZ に読み取り参照とフェールオーバーが可能なリードレプリカを2つ以上構築し、高可用性と高パフォーマンスな構成が可能である。

図1-5-5 RDSのストレージタイプ

	特徴	費用	性能
GP2（汎用SSD）	汎用的な利用に適する SSD	容量課金のみ	比較的高性能
PIOPS（プロビジョンドIOPS）	高性能で高いパフォーマンスが必要な環境に適するSSD	容量課金に加え、キャパシティー料金がかかるため比較的高価	安定した高パフォーマンス
Magnetic	下位互換向け非推奨のHDD	安価	HDDなのでSSDと比較すると性能は低い

Amazon Web Services の資料を基に作成

　RDS との違いは、ストレージが仮想共有ボリュームで構成されていることだ（**図1-5-6**）。3つの AZ にそれぞれ2つずつレプリケートされており、標準で高可用性を実現している。また Aurora は自動スケーリングが実施されるので、インスタンスサイズやリードレプリカ数を変更する。自動バックアップなどの機能も備えている。RDS ではこれらの作業を手動で実施しなければならないので、運用管理の手間を大幅に削減できる。

　ただし Aurora で選択できるデータベースエンジンは、MySQL と PostgreSQL に限られる。他のデータベースエンジンを使う必要がある場合は RDS を使うか、または EC2 で新たに構築するしかない。

基本的にはRDSのほうが安価

　PostgreSQL や MySQL のデータベースエンジンを利用するなら、RDS と Aurora でコストが安いほうを選択したい。両者はどちらも従量課金だが、RDS は「インスタンス起動時間×ストレージ容量」で課金されるのに対して、Aurora は「インスタンス起動時間×ストレージ容量×I/O リクエスト数」で課金される。起動時間当たりの料金やストレージ容量に対して発生するコストも Aurora のほうが高く設定されている。

　実際に PostgreSQL を利用する場合で比較したところ、RDS for PostgreSQL

図1-5-6　Auroraの構成

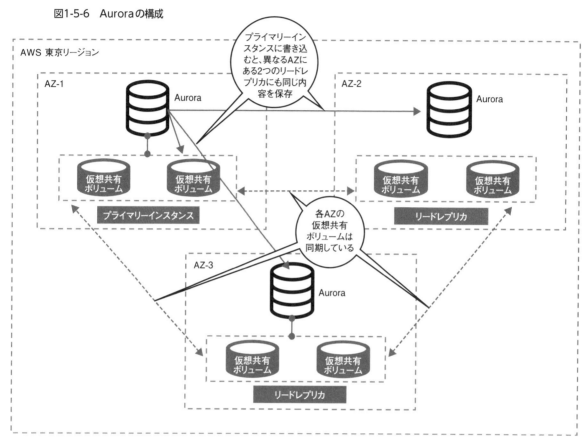

Amazon Web Services の資料を基に作成

のほうが安くなった（**図1-5-7**）。RDS のインスタンスとストレージの単価が安い
ためだ。同一のインスタンスタイプやストレージを選択するなら、RDS一択となる。
　しかし機能や非機能要件を考慮して、高い品質を求める場合は Aurora を検討
する価値はある。Aurora は標準的な RDBMS に比べて、MySQL 互換では最大
5倍、PostgreSQL では最大3倍のスループットを実現するとうたわれている。
Aurora は、デフォルトの機能によりストレージの自動スケーリングも可能であり、
データは3つの AZ にそれぞれ2つずつ計6つに分散されて保管されるため耐障
害性も高い。

図1-5-7　RDSとAuroraのコスト試算

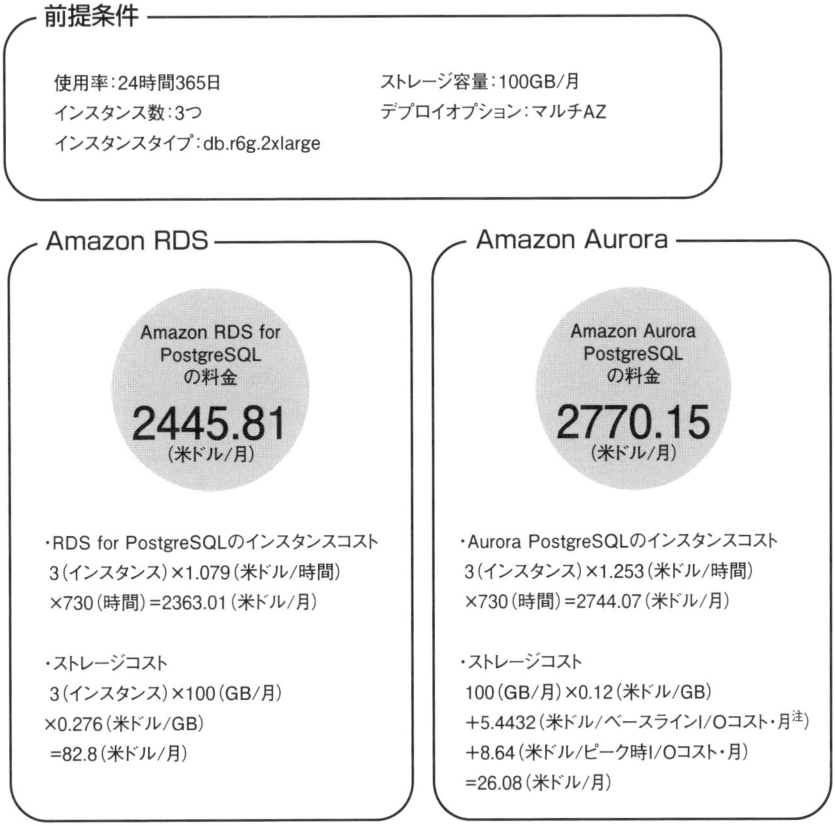

前提条件

使用率：24時間365日　　　　　ストレージ容量：100GB/月
インスタンス数：3つ　　　　　デプロイオプション：マルチAZ
インスタンスタイプ：db.r6g.2xlarge

Amazon RDS

Amazon RDS for
PostgreSQL
の料金

2445.81
（米ドル/月）

・RDS for PostgreSQLのインスタンスコスト
　3（インスタンス）×1.079（米ドル/時間）
　×730（時間）=2363.01（米ドル/月）

・ストレージコスト
　3（インスタンス）×100（GB/月）
　×0.276（米ドル/GB）
　=82.8（米ドル/月）

Amazon Aurora

Amazon Aurora
PostgreSQL
の料金

2770.15
（米ドル/月）

・Aurora PostgreSQLのインスタンスコスト
　3（インスタンス）×1.253（米ドル/時間）
　×730（時間）=2744.07（米ドル/月）

・ストレージコスト
　100（GB/月）×0.12（米ドル/GB）
　+5.4432（米ドル/ベースラインI/Oコスト・月[注]）
　+8.64（米ドル/ピーク時I/Oコスト・月）
　=26.08（米ドル/月）

注：ベースラインI/O（630時間）は36,000、
　　ピーク時I/O（100時間）はベースラインの10倍と仮定

　さらに Aurora のクラスター設定オプションに「Aurora I/O 最適化」があり I/O 料金が Aurora 全体の 30% 程度を占めている場合は、I/O 料金が大幅に安くなるオプションもある。

　RDS は可用性と高パフォーマンスを両立したデータベースサービスであり、さまざまなシステムに採用されている。しかし運用管理の手間とコストが大きくなるのであれば、Aurora を検討したい。RDS と比較しても機能面はもちろん運用管理の観点で手間がかからないサービスである。

1-6

接続数を見極めてサービスを選ぶ ネットワークを最適化する設計

　AWS が提供するネットワークサービスといえば、「Amazon Virtual Private Cloud」（以下、VPC）が有名だろう。VPC は、論理的に定義されたプライベート仮想ネットワークを構築し、この仮想ネットワーク内に Amazon EC2 や RDS のインスタンスなどの各種リソースを配置できる。VPC で構築したプライベート仮想ネットワークとオンプレミス環境などを VPN でつなぎたい場合は「AWS Site-to-Site VPN」を利用すればいい。IPSec を利用して AWS サービスとオンプレミス環境をセキュアかつ安価に接続できる。

　このように AWS クラウド環境では、ネットワークそのものがサービスとして提供されている。ユーザーがネットワーク構成を設計すれば、すぐにシステムやアプリケーションなどで利用できるネットワークを構築できる。

図1-6-1　Transit Gateway が登場する前のネットワーク

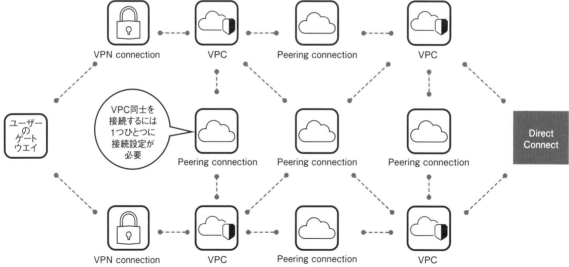

Amazon Web Services の資料を基に作成

接続数を見極めて選ぶ

　AWSサービスを利用していると、複数のVPC間を接続したり、オンプレミス環境と接続しなければならない場合がある。このような要件に利用できるサービスが、「AWS Transit Gateway」（以下、Transit Gateway）である。Transit Gatewayはゲートウエイサービスであり、さまざまな通信のゲートウエイとなってルーティングを施すフルマネージドサービスだ。

　Transit Gatewayが登場する前のVPC間接続は「AWS VPC peering」というVPC間をつなぐサービスを利用するのが一般的だった。ただしVPC peeringは個別に1つひとつ設定しなければならず、接続数が増えると設定に時間を要してしまうという課題があった（**図1-6-1**）。

　一方、Transit GatewayはVPC間ごとの設定は必要ない。Transit Gatewayと接続するだけで、複数のVPC間を相互接続できる（**図1-6-2**）。VPNで接続する「AWS Site-to-Site VPN」サービスや、専用のネットワークを確立する「AWS Direct Connect」（以下、Direct Connect）といったサービスを利用することも可能だ。設定の手間を考慮すれば、Transit Gatewayを利用すべきである。

図1-6-2　Transit Gatewayを利用したネットワーク

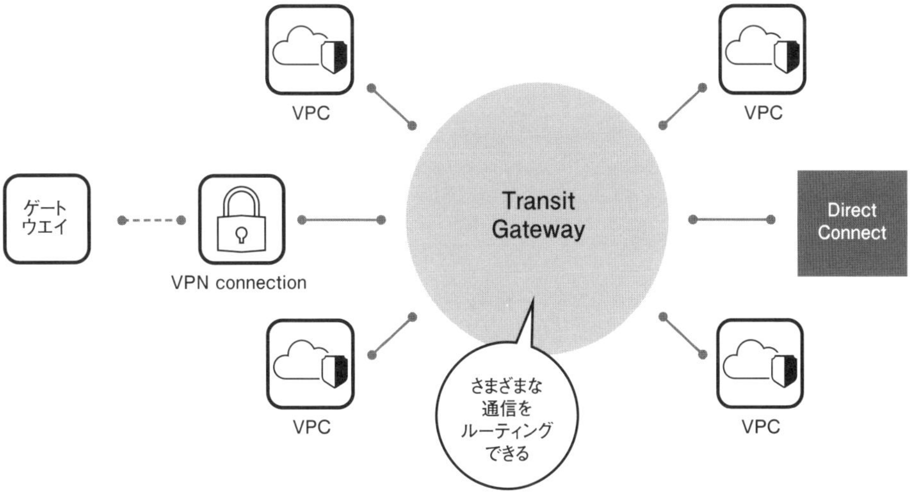

Amazon Web Servicesの資料を基に作成

ただしコスト最適化を考えると、接続数の増加が見込めないネットワークかつ2〜3個のVPCを接続するだけならば、VPC peeringを使ったほうがいいだろう。Transit Gatewayは料金が発生するが、VPC Peeringは同じAZ間の接続ならば無料で利用できるからだ。接続するVPCが少ない場合は、作業工数もそれほどかからない。他のAZとの接続はコストが発生するので注意したい。

Transit Gatewayの接続イメージ

Transit Gateway で VPC 間 を 接続 する 場合、準備 として VPC と Transit Gateway にアタッチメントを作成する。アタッチメントは VPC などを Transit Gateway に関連付けるアクションだが、これだけでは通信できない。作成したアタッチメントと Transit Gateway のルートテーブルをひも付ける。ルートテーブルはネットワークトラフィックの経路や宛先を判断する際に使用する（図1-6-3）。

ただ接続するだけなら作業は単純だ。例えばVPC1 と VPC2 でそれぞれアタッチメントを作成し、アタッチメントとルーティングテーブルにひも付ける。デフォルトでVPC1 と 2 のルート情報はルートテーブルに自動で伝搬される。これだけ

図1-6-3　Transit Gatewayの接続イメージ

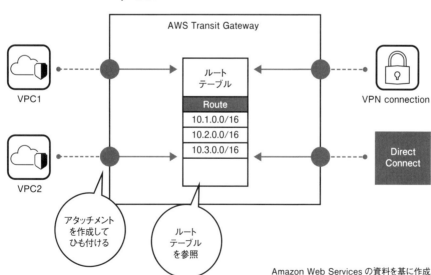

図1-6-4　Transit Gatewayを利用したVPC間の接続制御

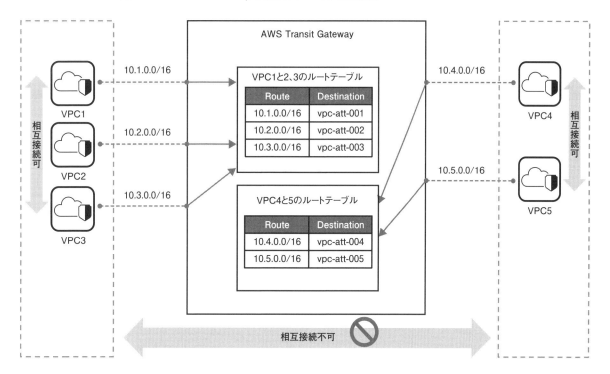

Amazon Web Services の資料を基に作成

で Transit Gateway を経由して相互に接続できるようになる。VPN を構築したり、Direct Connect を利用した専用線接続したりする場合も同様だ。アタッチメントを作成してひも付けるだけで接続できるようになる。

　一方、**図1-6-4** のように VPC1 〜 3 は相互接続したいが、VPC4 と 5 は接続したくないといった場合は、ルートテーブルを複数用意しなければならない。VPC1 〜 3 用と VPC4 〜 5 用に 2 つのルートテーブルを用意して、それぞれ接続したい VPC のアタッチメントをひも付ける。このように通信制御したい VPC が増えると、ルートテーブルの数も増やす必要があるが、一括して設定できるので、Transit Gateway の利用がオススメだ。

Direct ConnectやVPNとの接続

Direct Connect や Site-To-Site VPN も Transit Gateway で集中管理できる。Direct Connect を用いた接続方法はシンプルだ。仮想インターフェースである AWS Transit VIF（以下、VIF）と仮想プライベートゲートウエイの「AWS Direct Connect Gateway」を利用して Transit Gateway と接続する（**図 1-6-5**）。Direct Connect に冗長化が必要な場合は、それぞれ VIF を接続して冗長構成を構築できる。

一方の VPN の場合は、Transit Gateway VPN アタッチメントを使って、Transit Gateway と接続する（**図 1-6-6**）。うれしいのは Transit Gateway が複数 VPN 機器をサポートしていることだ。主要なネットワーク機器を使っているならば、ユーザーが設定するだけで冗長化が可能。フェールオーバー構成を容易に組むことができる。

Transit Gateway を使えば、AWS の VPC 間だけでなく、AWS 以外のサイトやオンプレミス環境にも簡単に接続できるようになる。効率的にネットワークを管理するために欠かせないサービスだ。ただしネットワーク接続に使える AWS サービスは Transit Gateway だけではない。規模や運用要件、利用コストや管理コストを見極めて最適なサービスを検討してほしい。

図 1-6-5　Transit Gateway の Direct Connect 接続

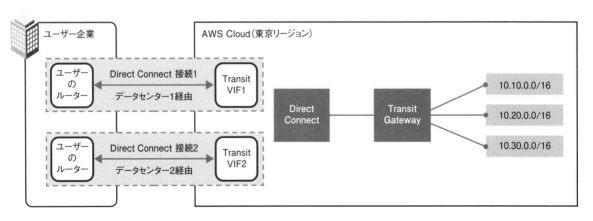

Amazon Web Services の資料を基に作成

図1-6-6　Transit GatewayのVPN接続

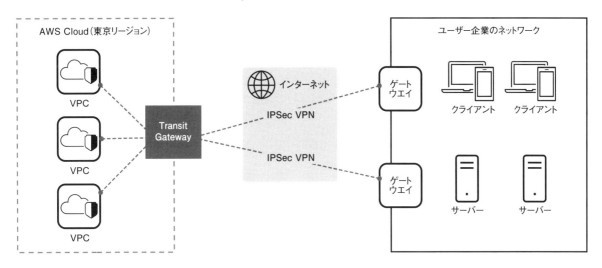

Amazon Web Services の資料を基に作成

1-7

オンプレミス環境との接続 ネットワーク設計の勘所

　AWSサービスを利用していると、オンプレミス環境とAWSサービスを接続したいという場面がある。例えば、AWS環境に大量のデータを転送したい、オンプレミス環境にあるシステムとAWSで開発したシステムを連係して新たなサービスを構築したい、といった場合だ。

　オンプレミス環境とAWSサービスをネットワーク接続する手段は、(1) インターネット (HTTPS) で接続する、(2) VPNで接続する、(3) AWS Direct Connectで接続する、という主に3つの手段がある (**図1-7-1**)。

　(1) のメリットはインターネット環境が利用できれば、どこからでも接続できることだ。しかも特別な設定は必要ない。一方、デメリットもある。インターネットなので遅延する恐れがある。また機密情報や個人情報などを転送する場合は、情報漏洩などのセキュリティーリスクを考慮しなければならない。

　対して、(2) のVPNで接続すれば、インターネット接続よりもセキュアな環境で接続できる。AWSサービスでVPN接続するには「Site-to-Site VPN」を利用するのが一般的だ。ただし接続するオンプレミス環境にIPSec対応のネットワー

図1-7-1　各接続方式の比較

方式	コスト	セキュリティー	実装の手間
インターネット (HTTPS)	とても安い	低い	少ない
Site-to-Site VPN	安い	やや高い	やや多い
Direct Connect	高い	高い	多い

ク機器が必要になり、ネットワークに対する専門知識が求められることは注意したい。また基本的にインターネット接続なので、通信が遅延するという問題に対しては根本的な解決策にはならない。

（3）の Direct Connect はインターネットを利用することなく、オンプレミス環境と AWS を専用線で接続できる AWS のサービスだ。専用線なのでセキュアであり、プランを選択すれば高いネットワーク帯域も用意されている。大量データの転送も可能である。ただし AWS の Direct Connect 対応ルーターがあるデータセンターまでの回線は、ユーザーが用意しなければならない。それには時間とコストを要する。

Direct Connectの物理接続

一般的に、Direct Connect を利用する機会が増えている。ここからは Direct Connect の物理的な構成を見てみよう。AWS の環境から Direct Connect 接続ロケーションにある Direct Connect 専用ルーターまでは AWS が提供するサービスとなる（**図1-7-2**）。つまりユーザーは、専用ルーターまでの回線を用意する必要があり、原則として AWS に認定されたベンダーに依頼しなければならない。

物理接続は大きく2種類ある。1つは自社専用の物理回線を利用する「専用接続方式」で、もう1つは物理的に共有された機器で論理的に自社専用ポートが割り当てられる「ホスト型接続方式」である。専用接続方式は、1Gbps、10Gbps、100Gbps のネットワーク帯域から選択でき、ホスト型接続方式は 50Mbps 〜

図1-7-2　Direct Connectによる物理接続の構成例

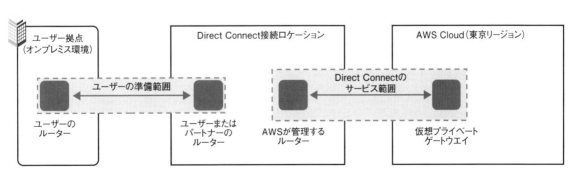

Amazon Web Services の資料を基に作成

10Gbps までと細かく選択できる。

仮想インターフェースの種類

　Direct Connect は、各種 AWS サービスと接続するため、VIF と呼ばれる仮想インターフェースを提供している。VIF は、パブリック VIF とプライベート VIF、Transit VIF がある。

　パブリック VIF は、AWS パブリックリソースとオンプレミス環境をパブリック IP（グローバル IP）で接続する仮想インターフェースである（**図1-7-3**）。接続できるリソースは、VPC や Amazon S3、Amazon DynamoDB であり、プライベート IP で接続する VPC 内の Amazon EC2 や RDS は接続できないので注意したい。

　接続できるリージョンは、中国を除くすべてのリージョンである。ユースケースとしては、Amazon Connect や Amazon WorkSpaces などのパブリック IP でしか接続できないサービスを利用する場合などが考えられる。これらのサービスにデータの機密性やセキュリティーを重視して接続したい場合に適している。

　プライベート VIF は、各 VPC にプライベート IP を用いて接続する仮想インター

図1-7-3　パブリック VIF のイメージ

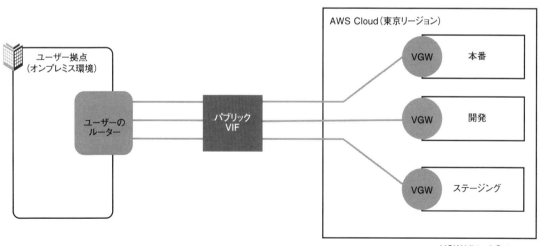

フェースだ（**図1-7-4**）。これから紹介するTransit VIFが登場する前は、頻繁に利用されていた。単一のVPCとオンプレミス環境を接続するには、仮想プライベートゲートウエイを利用する。一方、複数のVPCと接続する場合は、1つのVIFに対して複数のVPCを接続できるDirect Connect Gatewayを利用する。

　　Transit VIFは、Direct Connect接続を使ってオンプレミス環境とAWS環境

図1-7-4　プライベートVIFのイメージ

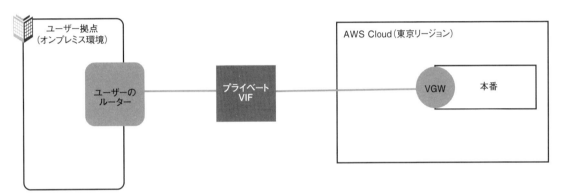

図1-7-5　Transit VIFのイメージ

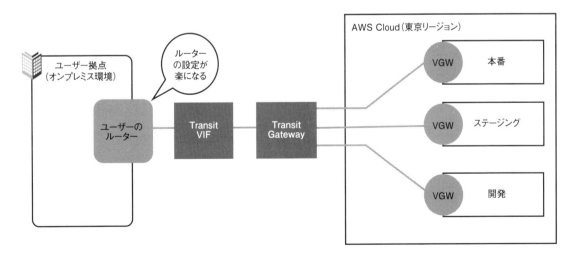

をシームレスに接続するための仮想インターフェースである（図1-7-5）。安全で高速に各種サービスやリソースを利用できるようになる。プライベートIPを利用するため、接続要件はプライベートVIFとほぼ同じだ。しかしTransit VIFの場合は接続するVPCが複数あってもオンプレミス環境のルーター設定は1つで済む。実装する手間や管理コストが少なく済むので利用機会が増えている。

接続数が多いほどTransit VIFを使いたい

オンプレミス環境と接続するVPC数が多い場合は、Transit VIFを利用してTransit Gateway経由で複数VPCと接続するのがオススメだ。VPC間接続が複数ある場合、ルートテーブルが複雑になる。

しかしTransit Gatewayは複数ルートテーブルを柔軟に管理できるため、実装コストだけでなく管理コストも安く済む（図1-7-6）。

一方、オンプレミス環境と接続するVPC数が少なかったり、VPC間の接続がなかったりする場合は、プライベートVIFで安価に接続できる。Transit Gatewayを利用するよりもコストは安くなるだろう。

ただしプライベートVIFを利用する場合は、Direct Connect Gatewayごとに50個という制約に注意が必要だ。多くのプライベートVIFを作成する場合には注意してほしい。

冗長化に向けた2つのポイント

AWSが提供する多くのサービスは、ユーザーが物理環境の冗長性を意識して設計することはほとんどない。ただしオンプレミス環境とAWS環境を接続する際は、必ずユーザーが用意した設備を利用するためこの限りではない。つまりユーザーがDirect Connectを含めて設備の可用性を検討しなければならないのだ。

Direct Connectを冗長構成にするには、どうすればいいのだろうか。構成の1つは、東京や大阪などの特定リージョン内で2カ所以上にユーザーの設備を用意してDirect Connectと接続する方式である。この場合は、1つの設備が故障したり、メンテナンスのため停止したりしても、Direct Connectを利用できる。

もう1つは、東京と大阪のように別々のリージョンで設備を2カ所以上用意して冗長化する方法である。この場合は、地震などの広域に影響が及ぶ災害が発生

図1-7-6 Transit VIFのコスト例

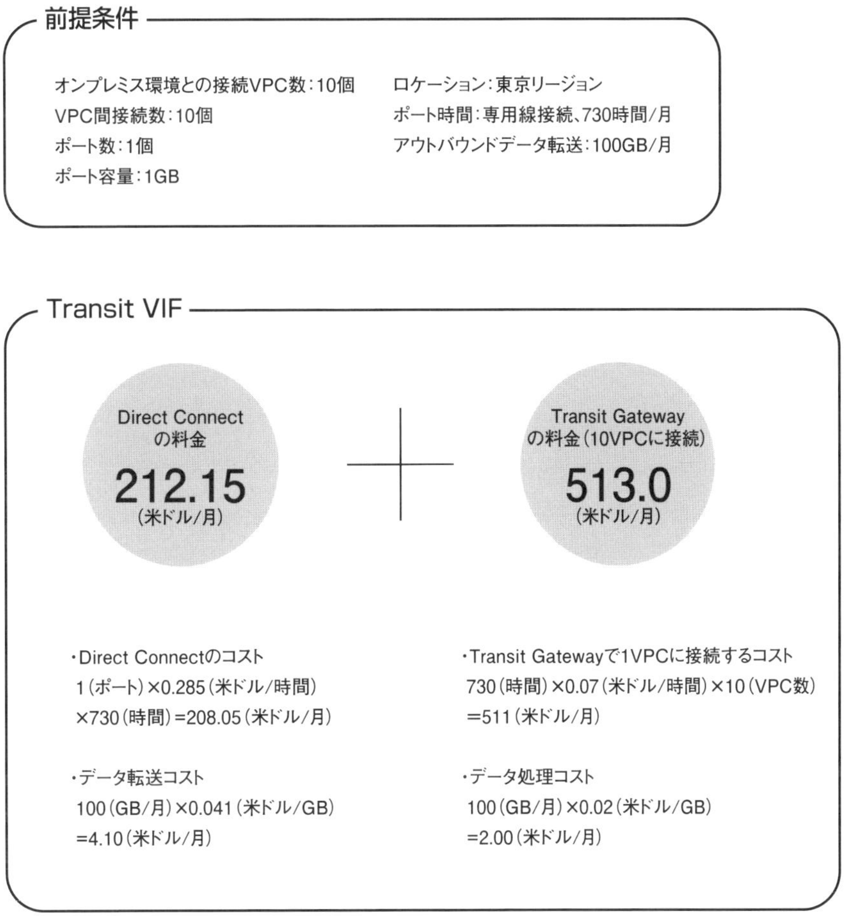

前提条件

オンプレミス環境との接続VPC数：10個　　ロケーション：東京リージョン
VPC間接続数：10個　　　　　　　　　　ポート時間：専用線接続、730時間/月
ポート数：1個　　　　　　　　　　　　アウトバウンドデータ転送：100GB/月
ポート容量：1GB

Transit VIF

Direct Connect
の料金

212.15
（米ドル/月）

＋

Transit Gateway
の料金（10VPCに接続）

513.0
（米ドル/月）

・Direct Connectのコスト
1（ポート）×0.285（米ドル/時間）
×730（時間）=208.05（米ドル/月）

・データ転送コスト
100（GB/月）×0.041（米ドル/GB）
=4.10（米ドル/月）

・Transit Gatewayで1VPCに接続するコスト
730（時間）×0.07（米ドル/時間）×10（VPC数）
=511（米ドル/月）

・データ処理コスト
100（GB/月）×0.02（米ドル/GB）
=2.00（米ドル/月）

した際に有効だ。片方のリージョンに設置した設備が故障しても、もう1つのリージョンに設置した設備でビジネスを継続できる。

　どちらの構成も冗長化できるが、ユーザーがDirect Connect接続ロケーションまでネットワークを用意しなければならないのは変わらない。このコストは高額になりがちである。

　そこで冗長化しながらコストを抑制する方式として、Direct ConnectとVPN

の組み合わせを推奨する。ユーザー企業から Direct Connect 接続ロケーションまでのネットワークは 1 本でいいのでコスト削減となる。VPN の費用も 1 接続 1 時間当たり 0.048 米ドル程度なので、月に数千円で済む。Direct Connect の冗長構成を検討する際は検討してもらいたい。

1-8

効率的なインフラ構築ツール AMIとImage Builderの活用

　汎用的なシステムに利用できる AWS のサービスが EC2 である。この EC2 を効率的に運用するために、AWS は Amazon マシンイメージ（以下、AMI）と「EC2 Image Builder」（以下、Image Builder）というツールを用意している。効果的なサーバー構築に欠かせないツールだ。

インスタンス作成に便利なAMI

　EC2 でインスタンスを作成する際は、CPU やメモリー、ネットワークなどのコンピューターリソースに加えて、OS イメージや AZ、セキュリティーグループなどを設定しなければならない。これらの作業の中で仮想サーバーの OS イメージ

図1-8-1　AMIを利用するイメージ

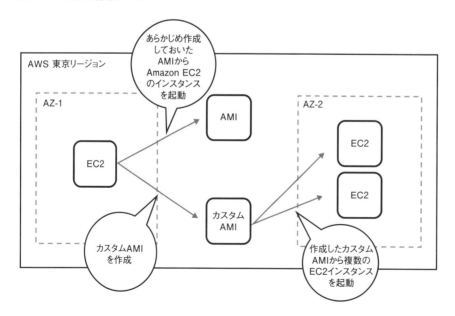

図1-8-2　ゴールデンイメージ

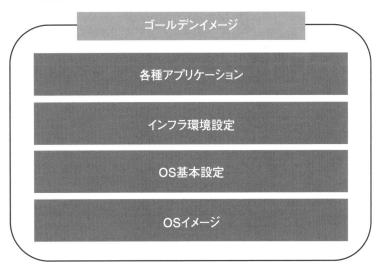

部分を担うのがAMIだ（**図1-8-1**）。インスタンス作成に必要なOSとソフトウエアが含まれている。

　AMIは自由にカスタマイズできる。自分で作成したカスタムAMIは他のアカウントと共有可能で、1つのAMIから複数台のEC2インスタンスを起動することもできる。別リージョンにコピーできるので、ディザスターリカバリー（DR）にも有用だ。

　AMIをゴールデンイメージとして活用する方法もある。ゴールデンイメージはOSイメージやOSの基本設定、環境設設定、各種アプリケーション設定など、EC2インスタンスを作成する際に必要なイメージや設定をセットにして、組織内で共有できるようにテンプレート化したものだ（**図1-8-2**）。

　一見すると、ゴールデンイメージはとても便利な機能だ。しかし運用を間違えると、余計な手間を増やしてしまう。例えばカスタマイズ部分が多くなれば、イメージを作成するのに時間を要してしまう。つまり複数アプリケーションを設定したり、OSの基本設定を初期設定から変更する箇所が多かったりすると、ゴールデンイメージの作成に時間がかかり効率的にインスタンスを構築できない。

　またカスタマイズ部分の更新頻度が高い場合は、ゴールデンイメージもその都

度更新しなければならない。運用管理の手間がかかるため非効率である。

　そのためゴールデンイメージを作成する際は、イメージに含める設定を検討したうえで決めなければならない。AMI そのものは無料であり、EC2 を効率的に使うには必須のツールである[注1]。しかし十分な検討をせず使ってしまうと、思わぬ作業が発生するので注意したい。

Image BuilderでAMIの課題を解消

　ゴールデンイメージの課題であるカスタマイズ部分の増加や更新頻度が高いことによる運用管理の手間を大幅に削減するツールがImage Builderである。セキュアにインスタンスイメージを作成し、管理できるツールだ。

　AMI では手動で AMI のイメージを作成し、各種インフラ環境を設定した後、テストを経て EC2 インスタンスを再作成しなければならなかった。一方、Image Builder は AMI では手動で実施しなければならなかった作業をパイプラインにまとめて自動実行できる（**図1-8-3**）。また Image Builder は「VM Import/Export（VMIE）」を組み合わせることで、EC2 以外にオンプレミスの仮想マシンイメージを作成することも可能である。

　このように Image Builder は AMI を利用する際に作業を効率化でき、しかも無料で使える。ただし、AMI イメージを保存するストレージや、アカウント間で共有するために利用した EC2 インスタンスや EBS などのコストは発生するので注意が必要である。

図1-8-3　Image Builderパイプラインのイメージ

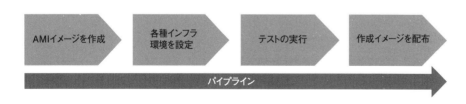

注1：EBSにAMIイメージを保存する料金は発生する

Image Builderの活用例

　Image Builder には、イメージパイプラインと呼ばれる機能がある。AMI イメージに含めるコンポーネントなどを記したイメージレシピやインスタンスタイプ情報、インフラ設定の定義、手動またはスケジュール実行など、一連のステップを定義したものだ。

　ここで効果的な 3 つのイメージパイプラインを紹介する。

・組織共通の Image Builder パイプライン

　Image Builder をアカウントや事業部門ごとに利用していると、導入するコンポーネントによっては脆弱性が発見されて対応が必要になる。未然に対処できればいいが、実害があってからでは遅い。そこでパイプラインに含まれるコンポーネントは組織共通のものに限定することで、脆弱性が含まれないセキュア構成として統制をかける。

　それぞれのアカウントや事業部門は、組織共通のセキュアなコンポーネント以外のコンポーネントを判断すればいい。運用管理コストの削減につながる。

・システムごとに最適化した Image Builder パイプライン

　アカウントまたはシステムごとに Image Builder パイプラインを用意する。つまりアカウントやシステムごとに必要なコンポーネントをすべて AMI イメージに含めるのである。AMI イメージは肥大化するが、新たにカスタマイズの必要はなくなる。手動で実施する工程を大幅に減らせるため、開発コストの削減につながる。

　さらに運用管理においてもシステムごとに Image Builder パイプラインを構成するため、他のシステムやサービスに影響する可能性が低くなる。コンポーネントの更新やパイプラインの変更が比較的に容易にできるので、運用コストの削減が期待できる。

・DR 対策用 Image Builder パイプライン

　AMI イメージはリージョン間でコピーできる（**図 1-8-4**）。これを有効に活用

図1-8-4　Image BuilderのDR活用

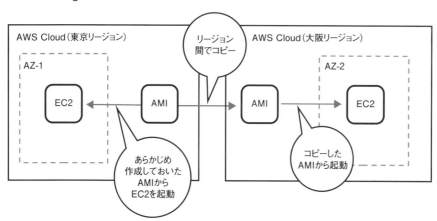

してディザスターリカバリー対策を実現する方法である。例えば東京リージョン
と大阪リージョンに同じパイプラインを配置しておく。

　東京リージョンで障害などが発生した場合は、大阪リージョンでパイプライン
を起動し、東京リージョンと同じインスタンスを起動する。一般的にDR対策を
施すのは困難を伴うが、Image Builderのパイプライン機能を用いれば比較的手
軽に対応可能だ。

目に見えないコストを最適化

　AMIやImage BuilderはAWSサービスそのものの費用ではなく、開発工数
を削減できる。また稼働中システムであれば、その運用管理コストの削減が見込
める。

　目に見える請求書のコスト削減ばかりに注目しがちであるが、人が作業するコ
ストも軽視できない。昨今の人件費高騰もあり、AMIとImage Builderの導入
はコスト削減効果が高いものになる。

　最初はコンポーネントやイメージレシピの準備が面倒に感じるが、一度Image
Builderパイプラインを作ってしまえば、作業負荷が軽減するだろう。

1-9

コスト可視化の準備
近道はマルチアカウント採用

AWS サービスの利用料は、原則として AWS のアカウントごとに請求される。コスト最適化を目指すならば、まずアカウントをしっかりと理解しなければならない。どのアカウントにどれだけのコストを要しているか分からない状態では、コスト最適化に取り組むのは難しい。では、AWS のアカウントについて見ていこう。

AWSアカウントは個人単位ではない

AWS アカウントは、AWS サービスを利用するための一意の ID だ。ただし Google アカウントのように個人単位ではなく、AWS の利用環境単位である。例えばユーザーは、アカウントの範囲内で EC2 や RDS、S3 といった AWS サービスを利用し、従量課金で支払う料金も AWS アカウントごとに請求される（図1-9-1）。

図1-9-1　単一アカウントの場合

　セキュリティーを担保する際もAWSアカウントは有効だ。例えばアクセス権などを一元管理するサービス「AWS Identity and Access Management」（以下、IAM）を活用すれば、各サービスやリソースへのアクセス権限を管理できる。複数ユーザーに対してアクセス権限を詳細に設定可能だ。AWSユーザーが何百人もいる場合は1人ひとりに権限を付与するのは大変な作業になる。このような場合でもIAMを利用すれば、一括して必要なポリシーを付与できる。

マルチアカウントはメリットが多い

　コスト最適化を考えた際は、企業規模にもよるが複数のAWSアカウントを保有するマルチアカウントをオススメしたい。AWSアカウントは作成するだけなら無料だ。ただしアカウント数が増えれば、それだけ管理コストは増加する。

　しかしあえてマルチアカウントを薦める理由は、「セキュリティーが向上する」「リソースを分離できる」「コスト管理が容易になる」「統制管理の柔軟性が向上する」といった多くのメリットがあるからだ。

　マルチアカウントならば、開発環境やステージング環境、本番環境といったよう

図1-9-2　環境単位のマルチアカウント

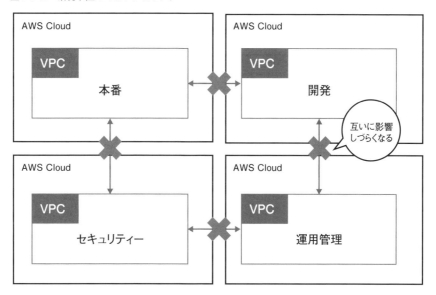

に、アカウントで環境を分離できる（**図 1-9-2**）。環境設定が相互に作用することがなくなり、セキュリティーの向上が期待できる。また各アカウントは独立しているため、仮にセキュリティーインシデントが発生しても影響を最小限に抑えられる。

　リソースを分離できるのもマルチアカウントのメリットだ。各アカウントで独自リソースを保持するため、誤ったリソースの変更を防止できる。例えば開発環境と本番環境でアカウントを分ければ、開発環境の作業によって予期せぬトラブルが発生しても本番環境への影響は小さくなるだろう。

　アカウントごとに異なる予算を設定できるので、コスト管理の柔軟性が高まる。これにより、開発環境と本番環境で必要なコストを別々に分析できるなど、効果的なコスト管理が可能となる。またアカウントごとに異なる IAM ポリシーを設定し、ユーザーごとに必要な権限を管理できる。例えば開発者は開発環境で必要な権限のみを持ち、本番環境には制限された権限しか持たないような設定が可能となる。

マルチアカウント管理に欠かせない「AWS Organizations」

　多くのメリットを享受できるマルチアカウントだが、1 つのアカウントで運用するよりも管理コストは増えるだろう。アカウント間におけるリソースの共有やアクセス管理の調整や設定も必要となる。

　こうした課題を解決するため、AWS は「AWS Control Tower」（以下、Control Tower）や「AWS Organizations」（以下、Organizations）といったサービスを用意している。

　Control Tower と Organizations は、どちらもマルチアカウント環境を実現するのに有効だが、Control Tower は機能が豊富で管理できることが多い。半面、すべて理解するには、時間を要する難度が高いツールだと言える。

　一方、Organizations はマルチアカウント環境で各アカウントへの請求を集約したり、新規アカウントを発行したりできる。コスト可視化の準備なので、ここでは Organizations を取り上げる。Organizations を導入してから Control Tower を追加で利用できるので安心してほしい。

　Organizations は、Organizational Unit（以下、OU）と呼ばれる組織単位を利

図1-9-3　OUとアカウントの構成例

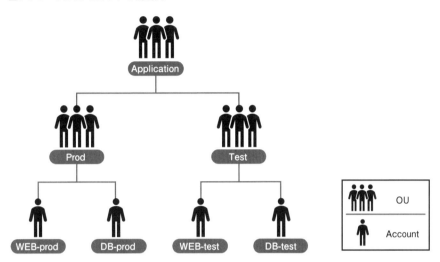

用してアカウントを管理する（**図 1-9-3**）。OU はいわば、階層構造を構成するグループやフォルダーのようなものであり、OU にアカウントをひも付ける。これにより、ひも付いたアカウントに対して一括してセキュリティーポリシーを設定したり、アクセス権を付与したりできる。

ボリュームディスカウントでコストを最適化

　Organizations を利用すると、高いコストメリットを享受できる。メリットの1つがボリュームディスカウントが効くことである。一括請求にした場合、従量課金となる AWS サービスの利用量は組織全体で計算される。これにより、ボリュームディスカウントが可能となる。さらにリザーブドインスタンスや Savings Plans を各アカウントで共有できるため、柔軟にボリュームディスカウントを受けられるようになる。

　また Organizations を利用して新規アカウントを作成すると、クレジットカード情報などの初期情報の入力を省ける。アカウントの作成・削除の手間を低減できる。運用コストの削減につながるだろう。

　マルチアカウントと Organizations は両方を利用してこそ効果を発揮する。組織

やアカウントの単位や範囲を決めるのに悩むことがあるかもしれない。だが、企業で AWS を利用する場合は、事業規模やシステム数、開発・テスト環境の区別などを考慮してマルチアカウントを選択するしかないだろう。コスト最適化のためだけでなく統制管理のためにも欠かせない仕組みなので、ぜひ活用してほしい。

1-10

コスト配分タグで見える化
開発環境は優先的に付与

1-9でマルチアカウントとOrganizationsを利用すれば、組織全体でコストを可視化したり、集中管理したりできると説明した。ただしコスト最適化のためには、もう一歩可視化を進めたい。

例えばAシステムとBシステムを開発するとしよう。AシステムのOUには開発環境Aと本番環境Aというアカウントを作成する。BシステムにもBシステム開発環境Bと本番環境Bのアカウントを作成する。すると、開発環境のコストを分析する際、開発環境Aと開発環境Bのコストを合算しなければならない。

このようにOUやアカウントを超えてコストを可視化する際、役立つのが「AWS

図1-10-1　KeyとValueで構成されるタグ

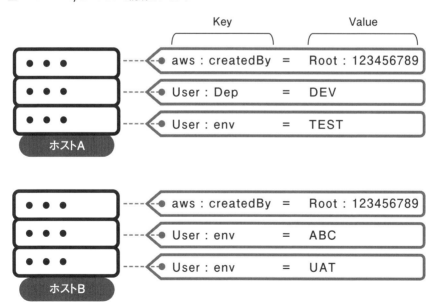

Amazon Web Services の資料を基に作成

コスト配分タグ(以下、配分タグ)」である。配分タグはサービスやリソースに対して「ラベル」を付与するようなイメージだ。具体的にはサービスやリソースに対してメタデータを追加し、それに基づいて詳細なコストを可視化できる仕組みである。

配分タグは「Key」と「Value」のペアで構成される。例えば「システム:A = 環境:本番」のような配分タグは、Key が「システム:A」、Value が「環境:本番」である(図1-10-1)。配分タグは、EC2 のインスタンスや S3 のバケット、RDS のデータベースなど、ほとんどの AWS サービスで利用できる。

AWS の請求書やコストダッシュボードでコストを確認する際は、配分タグ別に集計できる。想定外に発生したコストや無駄になっているコストを洗い出すのに役立つだろう。

ユーザーが配分タグを定義できる

配分タグは2種類ある。1つは AWS が生成するタグで、もう1つはユーザーが自ら定義するタグだ。配分タグはさまざまな目的で付与されるが、ここではコストの可視化を中心に話題を進めるため、主にユーザーが自ら定義する配分タグを説明する。

AWS で利用するほとんどのリソースに付与できる配分タグだが、いくつかの制限がある。例えば1つのリソースに対して複数の配分タグを付与できるが、そ

図1-10-2 KeyとValueの制限

項目	内容
1つのリソースに付けられる最大タグ数	50 個
1つの Key に設定できる Value	1つ
Key の最大長	128 文字(Unicode)
Value の最大長	256 文字(Unicode)

図1-10-3　タグの有効化

の数は最大 50 個に限られる。また 1 つの Key に設定できる Value は 1 つだけである（**図 1-10-2**）。

　また配分タグは作成しただけでは、コストを可視化できないので注意したい。作成したタグを AWS Billing and Cost Management を通じて有効にしなければならない（**図 1-10-3**）。

配分タグの作成方法

　配分タグを作成する方法は 2 種類ある。各リソースの管理画面から個別に作成する方法と、AWS Resource Groups（以下、Resource Groups）で作成する方法だ。筆者のオススメは Resource Groups で作成する方法である。

　Resource Groups には、(1)「グループ作成」、(2)「配分タグエディター」、(3)「タグポリシー」、といった機能が用意されていて、配分タグを作成したり、変更したりできる。また特定リソースに対して一括設定を施すことも可能だ。

　(1) の機能は、特定リソースと配分タグを指定してグループ化する。任意の名前を付けて管理できるので、システム単位や運用保守単位などで分けるといいだろう。リージョンをまたいだリソースの構成管理や Amazon CloudWatch による監視、各種オペレーションがこのグループ単位で実行できるようになる。

　(2) の配分タグエディターは、リソースと配分タグのひも付けを一元管理できる機能である。配分タグを作成し、対応するリソースを選ぶといった作業を 1 つの画面で実施できる。各リソースの管理画面で配分タグを設定する必要がなくな

り、手間が省けるのでオススメだ。例えば東京リージョンの EC2 インスタンスに一括して配分タグを付与する場合などに有効である。まず Resource Groups でリージョンとリソースタイプで検索する。サービスやインスタンスの一覧が表示されるので、あとは Key と Value を設定するだけで作業は完了する。

　また 1-9 で説明した Organizations のポリシーを用いて配分タグを設定することも可能だ。この機能が（3）のタグポリシーである。タグポリシーは、リソースに配分タグを付与する際、そのタグに対するルールを指定できる。例えば特定の「env」という配分タグに対して、大文字または小文字の利用を強制したり、「DEV」や「PROD」のように決まった文字列しか設定できないようにしたりできる。

　特定のリソースタイプに対して、任意のタグ付けを強制することも可能だ。配分タグの不一致や配分タグの不足を回避できる。配分タグは一部制限があるが、基本的に自由に付けられる。統一したルールがなければ、配分タグごとに異なるリソースを示しかねない。これでは可視化の効果は薄い。配分タグに統一したルールを適用するために、タグポリシーは欠かせない機能である。

配分タグを活用したコスト管理法

　AWS コストの予算を管理するには、AWS Budgets（以下、Budgets）を利用することが多い。ただし Budgets はアカウントやサービスごとに予算を管理できるが、あらかじめ決められた単位でしか管理できない。複数アカウントをまたいだ予算や、1 つのアカウント内の特定リソースに限定した予算などを管理するのは難しい。

　そこで配分タグの出番となる。例えばプロジェクト A で利用するシステムは、アカウント PRD1 とアカウント DEV1 の一部リソースを利用しているとする。この場合、アカウントごとに予算を管理していると、PRD1 や DEV1 の全体予算は管理できるが、プロジェクト A で利用するリソースの予算管理は管理が難しくなる（図 1-10-4）。そこで「Project = A」という配分タグをリソースに付与する。このように実装すれば、プロジェクト A で利用するリソースを簡単に管理できるようになる。

　また AWS で利用したコストは、AWS Cost Explorer（以下、Cost Explorer）を使って把握している人も多いだろう。Cost Explorer も Budgets と同様に配分

図1-10-4　配分タグの活用例

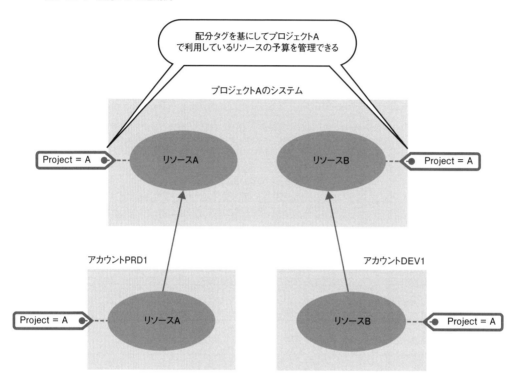

タグがなければ、効率よく管理できない。予算管理で設定した配分タグを基に、コストを管理したり、分析したりすれば、予算通りのコストにとどめられているかどうかを確認できる。想定外のコストが発生した場合でも原因となるリソースを可視化しやすい。

　組織によってマルチアカウントの構成や配分タグの設定方針は違うが、配分タグによって柔軟にさまざまな角度で予算を管理できる。ぜひ活用してほしい。

配分タグを活用したコスト削減法

　コスト削減を考えた場合、配分タグは長期利用するリソースを最適化するのに役立つ。EC2 インスタンスの Savings Plans やリザーブドインスタンスなど長期利用による割引があるリソースに対して、優先的に配分タグを付与するといい。

　EC2 インスタンスであれば、どのようなインスタンスタイプが多く使われているか、そのパフォーマンスは適正なのかを分析して、Savings Plans やリザーブドインスタンスに変更できるかを検討できるからだ。

　また EC2 インスタンスのように稼働した時間に応じて課金されるサービスを24 時間 365 日稼働させていないだろうか。こうしたリソースにも優先して配分タグを付与する。稼働時間を可視化し、日次や週次、月次などの頻度で利用頻度を分析する。例えば午後 10 時〜翌日午前 7 時まで利用してない場合、その時間帯は停止してコストを削減する。

　開発環境やステージング環境で利用するリソースは優先的に配分タグを付与したい。本番環境のリソース作成やサービス追加などは、しっかりと社内レビューや承認を経て実施するだろう。一方、開発環境は本番環境に比べて、比較的自由にリソースを使えることが多い。利用していないリソースを生みやすい状況なのだ。

　そこで配分タグでリソースが使われているかどうかを確認し、使われていなければすぐに削除する。開発やステージング環境こそコスト管理が必要であり、削減できる要素がたくさんあるはずだ。

1-11

最適化に欠かせない予算設定 Budgetsを活用して自動化する

　オンプレミス環境では、長期間の利用計画を見定めて、購入計画を立てるのが一般的である。調達したリソースが最初の1〜2年で枯渇しないようにバッファーを見込んで購入する。当初はリソースが無駄になることもあるが、利用量が増加すればバッファーが減り、効率的な利用状況になる。また初期費用の大部分は購入初年度に発生する。

　一方、クラウドサービスは原則従量課金制だ。リザーブドインスタンスを一括前払いで購入したとしても1年または3年である。例えば5年後のリソース状況を計画して購入することはないだろう。初期費用もほとんどの場合は必要なく、リソース分のコストで済んでしまう。

　このように従量課金制には大きなメリットがあるが、企業や組織で利用する以上、「クラウドサービスであってもその年の利用計画を立てて、その計画に基づいて予算を確保しなければならない」といったことはよく聞く話だ。

　クラウドサービスを利用する際は、どのように予算計画を立てればいいのだろうか。解決策の1つがBudgetsを利用する方法だ。1-9で説明したように、AWSではアカウントやリソースごとに利用料金などを可視化できる。こうした可視化したリソースや利用料金を基にBudgetsで予算を管理する。Budgetsは、アカウントやサービス、タグごとに予算を設定でき、その予算を超過するような場合は、アラートメールを送信することも可能である。

Budgetsを有効に活用

　Budgetsはさまざまな機能を備える。ここでは、コスト最適化に欠かせない3つの機能を紹介しよう。

　まず1つめは、予算を設定したり、管理したりする機能だ。Budgetsを用いて予算を設定する流れが図1-11-1である。Budgetsはいくつかの予算テンプレートを用意している。無料利用枠を超えたり、毎月の予算を超過したりすると、通

知することが可能だ。

　予算額だけを決めたい場合は、予算テンプレートを使用するといい。作成した
予算の設定は、後でカスタマイズすることが可能である（**図1-11-2**）。アカウン
ト別ではなく、タグを利用して予算を管理したい場合は、初めからカスタマイズ
（アドバンスト）で作成すると、すぐに設定できる。

図1-11-1　予算を設定する流れ

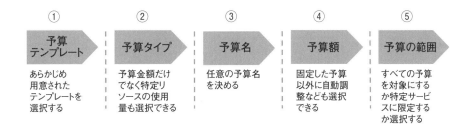

図1-11-2　予算設定項目

対応 No	分類	内容
①	予算テンプレート	・テンプレートを使用（シンプル） ・カスタマイズ（アドバンスト）
②	予算タイプ	・コスト予算 ・使用量予算 ・Savings Plans の予算 ・予約予算
③	予算名	・任意の名前
④	予算額	・期間 ・予算更新タイプ ・開始月 ・予算設定方法 ・予算額
⑤	予算の範囲	・すべての AWS サービス ・特定の AWS コストディメンションをフィルタリング

予算超過で自動停止が可能

　続いて紹介する機能が「アラート」と「アクション」である。アラートは予算額にしきい値を設け、そのしきい値に達した際にメールや Amazon SNS で通知

図1-11-3　アラートの設定

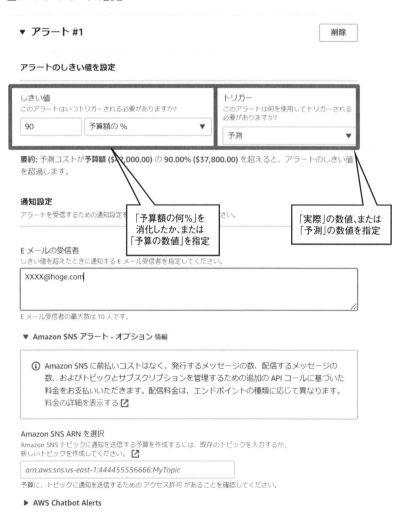

図1-11-4　アクションの設定

する機能だ。予算額ごとに設定可能である（図1-11-3）。

　しきい値に達したかどうかを判定するトリガーは、実際の利用料金で判定する「実際」と、過去の使用量から割り出した予測値で判定する「予測」のどちらかを選択できる。ただし予測は、5週間程度の実績データが必要だ。情報を蓄積していないとアラートが送付されないため注意したい。

　アクション機能は予算を超えないように対処する。予算額に対するしきい値を設けるのはアラートと同様だが、そのしきい値に達した場合に設定したアクションを自動的に実施できる（図1-11-4）。

　例えばしきい値を予算額の90%に設定しておき、そのしきい値に達した場合は起動している3つのEC2インスタンスのうち2つを停止する、といった設定も可能である。ただ突然停止すると困る場合もあるだろう。そんなときのために、アクションでは承認プロセスを経てから停止するといった設定も可能である。

　3つめの機能が予算レポートである。設定した予算を週次や月次など任意のタイミングでレポートとして送信する機能だ（図1-11-5）。レポートは配信頻度や送信先を分けられる。これにより、プロジェクトや事業部門別にレポートを送信できる。各事業部門には、オーナーアカウントの予算レポートのみを送信し、開発チームには開発環境に絞った予算レポートを送信し、財務部門にはすべての予

図1-11-5　予算レポートの配信設定

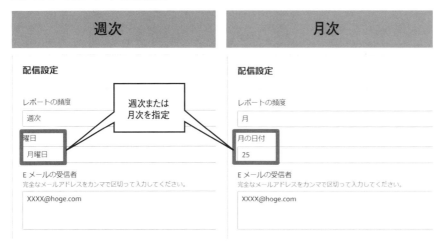

算レポートを送付する、といった設定も可能だ。送付の頻度は、日次や週次、月次で選択可能だ。週次では曜日指定ができ、月次では何日に送付するかを設定できる。

Budgetsを活用したコスト最適化

クラウド環境を用いた開発経験が少ない場合は、最初のうちはどのようにコストを抑えながら開発すればいいのか見当が付かない。特にオンプレミス環境に慣れている現場ならなおさらだ。そこでBudgetsを活用する際のポイントを3つ挙げる。

ポイント１：サービスや利用量、環境数を決定する

AWSには200を超えるサービスがあり、それぞれの課金モデルや単価が異なる。どのサービスをどれくらい利用するのかを、開発開始前にある程度決めておく。大切なのが本番環境だけでなく、開発環境やステージング環境など、開発過程で必要な環境を考えることだ。

リソースを柔軟に変更できるクラウド環境だが、システム規模が大きくなればコストも膨らむ。開発過程に必要なすべての環境で予算を検討しておかなければならない。

ポイント２：工程ごとのリソース利用量を決定する

環境数などを決めたら、次は工程ごとのリソース利用量を決定する。AWSは従量課金制であるため、多く利用すればそれだけ料金が高くなる。開発環境で使うリソースは、開発やテストを実施していると利用量が増え、料金も高くなる。ただし本番ローンチ後は、開発期間中ほど利用されないので安くなる。このように、開発工程のどの時点でどれくらいの利用量を見込んでいるかを検討する。

ポイント３：各工程でリソースの見直しを実施する

オンプレミス環境ならば、開発やテストで利用したデータや資材、インスタンスなどは利用予定がなければ放置しておいても大きな影響はない。影響があるとすれば、運用開始後に徐々にストレージを圧迫して不要データを整理する羽目に

なるくらいだ。

　一方、クラウド環境は利用予定のないデータやインスタンスでも、稼働していたり、データを保存しておいたりすれば課金対象になる。無駄なコストを発生させないためにも、工程ごとに必要なリソースを都度整理する。例えば開発環境からステージング環境、本番環境への移行過程で、必要なデータや資材のみを移行し、残りは削除するかまたは S3 の安価なストレージに移すなどである。プロジェクトの移行工程に棚卸しの機会を含めると無駄なコストを抑制することにつながる。

運用中システムのコスト最適化

　続いて、すでに AWS で本番稼働中のシステムは、Budgets をフル活用できる。活用時のポイントを 2 つ挙げる。

ポイント A：複数の観点で予算を設定する

　請求アカウントのみに予算を設定していないだろうか。予算を設定するアカウントが限られると、全体の予算は範囲内に収まっているが、実は特定のサービスだけが想定以上に課金されているといったこともある。複数のアカウントでさまざまなシステムを運用している場合は、アカウント以外にサービスや利用環境別などで予算を設定すべきである。

　また開発環境で利用するリソースは、新規サービスや PoC など実験的な取り組みに使うこともある。PoC はうまくいったが、コストを確認したら現実的ではなかったといった話はよくあることだ。請求アカウントだけで予算を設定している場合、予算を超過した要因にすぐに気づけない。

ポイント B：定期的に予算を見直す

　システムを運用していると、利用状況や環境変化でリソース利用量は増加する。逆に想定ほど増加しないといったこともあるだろう。このようなシステム状況の変化によって、利用料金も構築当初と比べると変化しているはずだ。アカウントやサービスごとの利用量の影響を加味して、予算を四半期や半年ごとに見直すことが重要である。

コストチェックをライフワークに

　IT システムの予算管理はオンプレミス環境とクラウド環境で大きく異なる。細かく予算を管理するのは面倒だと感じるかもしれない。しかし予算管理を実施しない場合は必ず後で痛い目に遭う。

　予算超過に気づいたときには手遅れになっていることが多く、年間予算の追加などを経営陣に諮ることになるかもしれない。予算管理は一朝一夕で終わるものではないが、ライフワークとして継続してモニタリング、見直しを続けていくのがコスト最適化の近道である。

　予算を設定しないことには始まらない。できるところから予算を設定し、徐々に管理対象や組み合わせを増やしていけば、理想的な予算管理を達成できるはずである。

1-12

Cost Explorerでコストを確認 分析に欠かせない4つのステップ

　従量課金サービスを利用する際、欠かせないのがコストのモニタリングと要因分析である。予算を設定して予算超過や異常課金の兆候を未然に察知できても、その情報を分析したり、要因を特定したりできなければ意味がない。AWSはコストを詳細にモニタリングしたり、分析したりできる機能である「AWS Cost Explorer」（以下、Cost Explorer）を提供している。予算額を超過した原因を分析したり、想定外のコストを発見したりするのに役立つ。

　Cost Explorerは、請求や支払いの情報などを一元管理する統合サービス「Billing and Cost Management」（以下、請求とコスト管理）の一機能だ。ここではCost Explorerを中心に、請求とコスト管理の中で役立つ機能を紹介する。

Cost Explorerの機能

　Cost Explorerは簡単に利用できる。AWSのマネジメントコンソールを開き、サービス検索から「Billing and Cost Management」を指定して選択する。Billing and Cost Managementの画面で「コスト分析とレポート」の項目に「Cost Explorer」がある（**図1-12-1**）。

　Cost Explorerを選択すると、まず新しいコストと使用状況レポートが表示される。過去に利用したAWSサービスのコストがグラフで表示され、各月のコストの総額やサービスごとのコストなどが一目で分かる。

　さまざまな条件やフィルターを組み合わせて任意のレポートとして保存もできる。「時刻」と「グループ化の条件」「フィルター」という3つを指定してレポートに集計する（**図1-12-2**）。

　「時刻」で指定できるのは、時間単位や日付単位、月単位などである。集計期間は過去1日から過去38カ月までを指定可能だ。未来を予想することもでき、1カ月後や3カ月後、12カ月後の3つから選択可能である。初期設定では毎時の集計が有効になっていない。請求とコスト管理の設定から「時間単位の詳細度（最

図1-12-1　Cost Explorer の利用方法

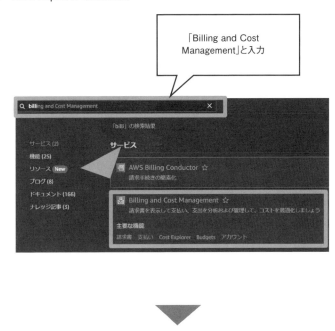

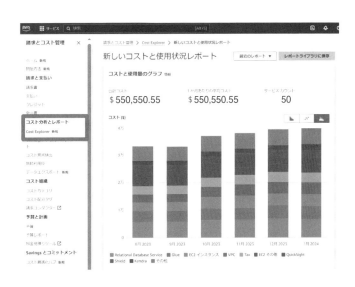

図1-12-2　コスト使用状況レポート例

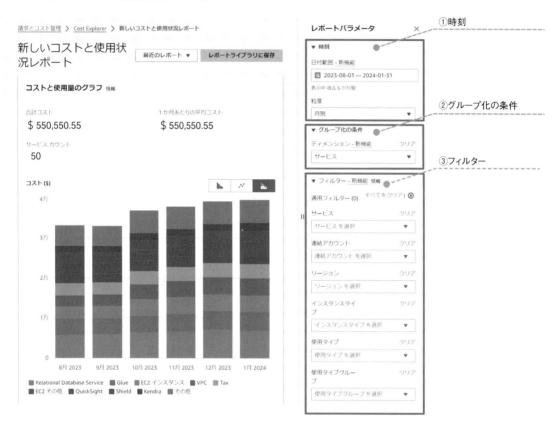

大 14 日間の過去データ）」を有効にしよう。ただしこの機能は課金対象となるので注意してほしい。

　「グループ化の条件」では、サービスや連結アカウント、リージョン、タグといったように、さまざまな要素ごとに利用コストを分類できる。例えばサービスごとにグループ化すると、利用しているサービスごとのコストがグラフとして表示される。どのサービスにどれだけのコストがかかっているかが分析しやすくなる。一方、連結アカウントでグループ化すると、アカウントごとのコスト推移が分かる。アカウントごとに予算管理している場合は重宝する機能である。

　「フィルター」を指定すると、グループ化したデータから必要なものだけを限

定して表示する。例えばサービスの項目から、「EC2 と Lambda を含む」を選択すると、2 つのサービスのコストだけが表示される。逆に「EC2 と Lambda を除く」を選択することもでき、その場合は EC2 と Lambda 以外のコストを表示する。

Cost Explorerを活用したコスト最適化

　Cost Explorer を活用して AWS コストを最適にするには、何から始めればいいだろうか。コストが適正なのかどうか判断できない、予算を超過しているがその原因が分からない、といったことはよくある。ここでは、Cost Explorer を使う際のポイントを 4 つ挙げる。

ポイント 1：全体を見渡してコストを分析する

　Cost Explorer はさまざまな切り口でコストを可視化できるが、最初はどのように見ればいいのか戸惑ってしまう。そこで、まず大きな単位や期間でコストを分析する。

　例えば時刻の粒度は月別としてできるだけ長い期間を選び、アカウントごとにグループ化してすべてのサービスを対象として分析する。こうして企業内や組織全体の傾向を把握する。マルチアカウントで運用していれば、どのアカウントに、どれだけのコストが発生しているのかが分かる。月別推移を見て、アカウントごとの増減率の大まかな特徴を把握できる。

ポイント 2：サービスごとの詳細なコストを分析する

　ポイント 1 で全体のコストを分析すると、多くのコストを費やしているサービスが見えてくる。続いて、そのサービスを中心に分析を進める。多くのコストがかかっているサービスは、その分多くのコストを削減できる余地があるからだ。もちろんコスト削減したいサービスが決まっていれば、そのサービスを分析すればいい。決まっていない場合は、利用コストの大きいものから順に詳細な分析を実施すると効果が早く得られる。

　例えば A アカウントで EC2 のコストが大きい場合、連結アカウントでグループ化して、EC2 とアカウントでフィルターをかける。すると、A アカウントで利用している EC2 のインスタンスタイプや OS の種類などの情報を把握できる。

ポイント 3 ：定期的に Cost Explorer を見る

年に 1 度といった低頻度で Cost Explorer を見ても、コストを削減のポイント
は見えてこない。できれば毎日、長くても毎週に 1 度は確認すべきだ。どのアカ
ウントにどのようなコストの変化があるのか、サービスごとにどのような傾向が
あるのかを絶えずモニタリングすることが大切だ。

一朝一夕にできることではないが、少しの時間でもいいので作成したレポート
を見る癖を付けてほしい。徐々に分析するポイントが見えてくる。最初はレポー
トを見るだけで時間を費やしてしまうが、慣れれば負荷にもならないだろう。あ
らかじめ用意された既存レポートでも構わないので、まずレポートを見ることを
習慣化してほしい。

ポイント 4 ：テーマを持ってコストを分析する

Cost Explorer を使った分析作業に慣れると、組織のコスト構造が見えてくる。
さまざまな分析テーマを掲げて、それに沿ってより詳細な分析を実施する。

例えば EC2 を多く利用している組織ならば、EC2 や EBS などの利用料金が増
加しているかもしれない。その場合は、インスタンスのコストを減らすというテー
マを掲げて分析を進める。インスタンスタイプを Savings Plans に変更できない
かなどを検討することになるだろう。すでに Savings Plans を利用しているなら、
想定通りにインスタンスを使っているかどうかを分析し、より適切なプランへの
変更を検討する。

このようにテーマを持って分析することで、よりコストメリットがあるプラン
への変更などの対策が考えやすくなる。

事前準備を欠かさずに

Cost Explorer でコスト最適化を実現するには、マルチアカウントやコスト配分
タグ、Budgets など、ここまで紹介した事前準備が欠かせない。Cost Explorer
はコストを可視化して分析することが主な機能だが、適切に可視化されていなけ
れば正確な分析は難しいからだ。

AWS コストを削減し、新たなシステム開発への余力を生み出すには、第 1 章

で紹介した基本を押さえることが肝要だ。利用する AWS サービスのそれぞれの
コストを抑えつつ、可視化してモニタリングする。コスト最適化への取り組みは
1 度実施したら終わりではない。継続して利用状況を分析し、対策する必要があ
る。ぜひ自組織や自部署に合ったコスト分析方法を構築してほしい。

第 2 章

ITの現場が生み出した削減テク

　第 2 章は、SBI 生命保険の情報システム部門がシステム開発の過程で あみだしたコスト削減テクニックを紹介する。多くの AWS ユーザーが 利用するストレージサービスや ELT（変換／抽出／ロード）サービスの コストを劇的に削減できる。

　IT 予算の余力を生み出し、新たなチャレンジに投資するには、生半 可なコスト削減にとどまらず突き詰めることが必要だ。紹介するテク ニックの難易度は異なるが、すべて効果を実証済みである。ぜひ試し てほしい。

2-1

利用クラスと転送処理に着目
S3のコストは9割減も可能

　AWSが提供するストレージサービスの中でユーザーが最も利用しているのは、オブジェクトストレージサービスの「Amazon Simple Storage Service」（Amazon S3、以下S3）ではないだろうか。同サービスを利用して、AWS上にデータレイクを構築している企業は多い。

　S3には主に8つのストレージクラスがあり、格納したオブジェクト（ファイルとメタデータのセット）に対するアクセス頻度や格納するオブジェクトのサイズ、オブジェクトの取り出しにかかる時間、オブジェクトの保存期間などを考慮して、適切なストレージクラスを選択することでコストを下げられる。

　例えばアクセス頻度が高いデータは、容量単価が高いがオブジェクトへのアクセス料金が安いストレージクラスの「S3 Standard」に格納する。一方、保存することが主な目的であり、ほとんどアクセスされないデータは、容量単価が低いストレージクラスの「S3 Glacier Flexible Retrieval」に格納するといった具合だ。格納するデータ量を削減し、データの特性に合わせて適切なストレージクラスに配置することが、S3におけるコスト削減の大前提となる（図2-1-1）。

図2-1-1　S3の料金体系（Intelligent-TieringおよびGlacierファミリーは除く）

	容量単価 (GB/月当たり最初の50TBの金額)	PUT、COPY、POST、LISTリクエスト (1000リクエスト当たり)	GET、SELECT、他のすべてのリクエスト (1000リクエスト当たり)	ライフサイクル移行リクエスト (入) (1000リクエスト当たり)
S3 Standard	0.025 米ドル	0.0047 米ドル	0.00037 米ドル	-
S3 Standard - 低頻度アクセス	0.0138 米ドル	0.01 米ドル	0.001 米ドル	0.01 米ドル
S3 One Zone - 低頻度アクセス	0.011 米ドル	0.01 米ドル	0.001 米ドル	0.01 米ドル

Amazon Web Services の資料を基に作成

図2-1-2 変換後のファイルを転送

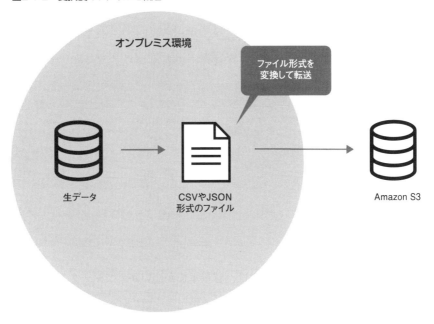

ただし業務データを蓄積していくと、当然ながら保存するデータ量が増える。適切なストレージクラスを用いてもコスト増は避けられない。データレイクなどはデータが徐々に蓄積されるので、運用コストが課題になることは多い。

ファイルを圧縮して転送

一般にS3のコスト削減というと、利用するストレージ容量を減らすといった対策をよく聞く。これはコスト削減の基本として取り組むべきだ。一方、データの転送方法を見直しているケースは少ない。

AWSの東京リージョンのような、あるリージョン内でコピーリクエストを使ってデータを転送すれば、コストはかからない。しかしオンプレミス環境で発生したデータをS3に転送するとコストが発生する。データレイクには企業活動で発生したありとあらゆるデータを蓄積するため、クラウド環境以外の場所からデータを送信することは多々あるだろう。SBI生命保険もCSVファイルやJSONファイルに変換して、データレイクであるS3に転送していた（**図2-1-2**）。オンプレ

図2-1-3　gzファイルに圧縮してAmazon S3に転送

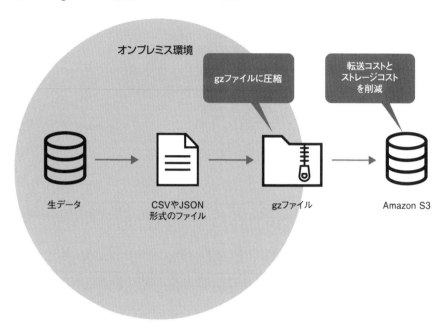

ミス環境のデータをクラウド環境に転送しようとすれば、どうしてもコストが発生する。これがコスト増の要因になる。

　こうした課題に対して有効な手法が転送方法の見直しだ。例えばファイルをgzipで圧縮し、S3に転送する。そしてS3には圧縮ファイルのまま格納する。データ転送のコストだけでなく、S3で利用するストレージ容量の削減にもつながる（**図2-1-3**）。

　データを圧縮して転送する際は、一連の処理で利用するサービスがgzファイルに対応していなければならない。まず自社で利用しているサービスがgzファイルに対応しているかどうかを確認しよう。AWSが提供するマネージドサービスの多くはgzファイルを扱える。「AWS Glue」（以下、Glue）や「Amazon Aurora」（以下、Aurora）といった主要なサービスは、gzファイルを問題なく処理できる。

図2-1-4 ZIPファイルにまとめて転送

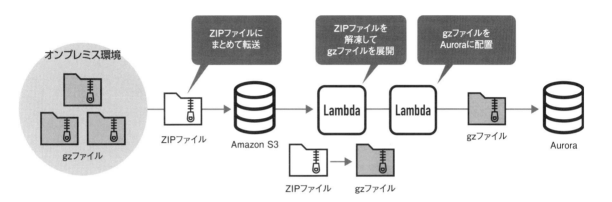

複数のgzファイルをZIPでまとめる

　SBI生命保険が構築したシステムは、対象となるデータをgzファイルに圧縮するだけでなく、複数のgzファイルをZIPでまとめて転送するようにした。これは自社特有の課題による処置だ。SBI生命保険ではデータベースのテーブルデータをS3に転送する際、1つのテーブルを1つのファイルにしなければならなかった。テーブルの数だけgzファイルを作成しなければならず、S3への転送時は1つのファイルにまとめなければならなかった。こうした制限があるため、複数のgzファイルを1つのフォルダーにまとめ、それをZIPで圧縮してS3に転送することにした。

　ただしAWSのマネージドサービスの中には、ZIPファイルをそのまま扱えないものがある。SBI生命保険が利用するサービスもZIPファイルを直接扱えなかった。そこでS3にはZIPファイルのまま格納し、その後にイベント駆動型コード実行サービスの「AWS Lambda」（以下、Lambda）によってZIPファイルを解凍する構成にした（**図2-1-4**）。

　1つのZIPファイルとして転送する方法によって、副次的な効果も生まれた。まずファイル転送速度が大幅に向上した。さらに後続処理で「Amazon EventBridge」（以下、EventBridge）と「AWS Step Functions」（以下、Step

図2-1-5　Amazon S3にZIPファイルが格納されたことをトリガーに処理を実施

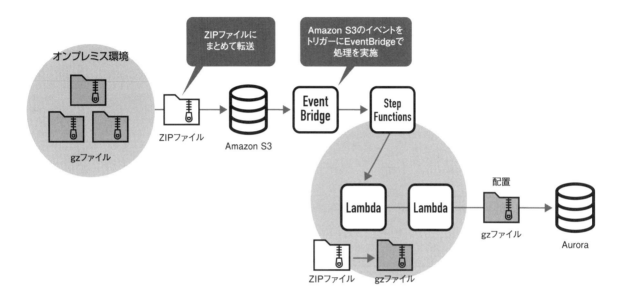

Functions）を利用する際、ZIP ファイルが格納されたことをトリガーに処理を
開始できるようになった。

　S3 はバケット内で特定のイベントが発生すると、EventBridge にそのイベント
を送信できる。SBI 生命保険も S3 から送られるイベントをトリガーに
EventBridge で後続処理を実施していた。こうしたシステム構成では、gz ファ
イルをいくつも送信してしまうと、その都度イベントが発生して処理が複雑にな
り、運用が難しくなる。一方、ZIP ファイルにまとめると、1 つのイベントに対
する処理を設定するだけで後続処理を実施できる（**図 2-1-5**）。

　Lambda ファンクションは実行時間が 15 分以内に制限されている。この制限
が気になる人もいるだろう。ZIP ファイル解凍処理で 15 分以上の時間を要する
ケースが実際にある。この課題を解決するには、オンプレミス環境から転送する
ZIP ファイルの数を複数に分割すればいい。例えばサイズの大きいデータは単独
で gz ファイルとして送信し、その他は ZIP ファイルでまとめるという方法だ。

　さらに筆者は S3 のストレージクラスの見直しやデータ転送方法の変更などコ

図2-1-6 SBI生命保険におけるAmazon S3コスト削減の結果（1米ドル150円で試算）

スト削減の工夫を積み重ねた。そしてさまざまな試行錯誤の結果、SBI生命保険におけるS3の年間コストをおよそ9割削減することに成功した（**図2-1-6**）。

2-2

ETL処理に便利なGlue
Lambdaに置換しコスト９割減

企業データを分析する際に活用できるAWSのETL（抽出／変換／ロード）サービスが「AWS Glue」である。Glueは、ビッグデータ処理用のオープンソースソフトウエア「Apache Spark」をベースとしたデータ変換・加工の機能を備える。項目抽出や結合、項目分割、ファイル形式変換といった処理が可能だ。他にもメタデータを集める「クローラー」や、メタデータを管理する「データカタログ」、ノーコードでデータをクリーンアップしたり、正規化したりできる「DataBrew」などの機能もある。

Glueを活用すると、さまざまなメリットを得られる。Glueは簡単な画面操作あるいは少量のカスタムコードで複雑なETL処理を実現できる。さらにGlueはサーバーレスのフルマネージドサービスであり、ユーザーはETL処理に必要な負荷を見積もってサーバーリソースを用意しておく必要がない。サーバーリソースに対してパッチを適用するなどの運用・保守の手間も省ける。

Glueの料金体系を把握する

GlueはETL処理の実行時間などに応じた従量課金制のため、無駄なコストが発生しにくい。さまざまなメリットを享受できると判断した筆者は、新たなデータウエアハウス（DWH）の構築にGlueを利用した。

DWHは、オンプレミス環境に構築した業務システムなどからデータを集約し、オブジェクトストレージサービスのS3で構築したデータレイクに格納する。分析対象に応じてデータレイクに格納したデータをサーバーレスのリレーショナルデータベースサービスである「Amazon Aurora」に入れる。ただしデータレイクに格納したデータは無加工なので分析に使いづらいという難点があった。そこでGlueでETL処理を施し、分析しやすい形に整形してS3に格納する設計とした（図2-2-1）。

ところがGlueの利用を進めると、想定以上にコストがかかることが分かって

図2-2-1 Glueを導入した当初のシステム

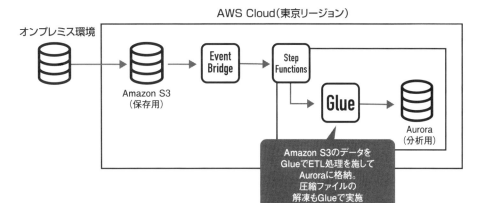

図2-2-2 Glueの料金体系

ジョブタイプ	コスト（米ドル／秒）	最小課金単位（分）
Apache Spark/Spark ストリーミング（バージョン2.0以降）	0.44	1
Apache Spark/Spark ストリーミング（バージョン0.9/1.0）	0.44	10
Python Shell	0.44	1

Amazon Web Servicesの資料を基に作成

きた。Glueは、主に「DPU」（データ処理ユニット）というリソース単位で課金される。標準的なDPUは1つで4つのvCPUと16GBのメモリーを使える。DPUを使った時間だけ従量課金される料金体系となっている（図2-2-2）。

Glueのコストで特に注意が必要なのは「最小課金単位」である。1処理がほとんどリソースを使わない最小課金単位未満であっても、最小課金単位の時間が課金対象になる。1年間利用できるGlueの無料枠を使えば、コストをかけずに利用できる。しかし無料利用できる容量には制限がある。しかも「Glueクローラー」と「Glue ETLジョブ」のデータ処理は無料利用枠の範囲外だ。無料だと思って使い続けると、思わぬ請求が発生する可能性がある。

処理をLambdaに置き換える

　構築した DWH システムは最大 1 日 7000 万件のデータを処理する。社内の利用者が増えて分析処理が進むと、Glue のコスト抑制が課題になった（**図 2-2-3**）。そこでデータ変換やフィルター、集計などの高度な ETL 処理が必要な場合を除いて、Glue の処理を FaaS（ファンクション・アズ・ア・サービス）の基盤サービスである「AWS Lambda」に置き換えることにした。

　AWS が提供するサービスの中で Lambda は比較的割安な部類に入り、Glue を Lambda に置き換えることでコスト削減が見込める。Lambda の料金はファンクションのリクエスト数、コードの実行時間、割り当てるメモリー容量による従量課金制である（**図 2-2-4、図 2-2-5**）。

　「GB 秒」という単位は見慣れないが、「割り当てたメモリー容量 × コードを実行した秒数」と考えると分かりやすい。割り当てるメモリー容量を増やせば、GB 秒単位のコストも上昇する。リクエストにかかるコストは割り当てるメモリー容量に関係ない。100 万件のリクエストで 0.20 米ドルである。ただし Lambda は毎月無料枠が付与される。リクエストに対する課金は 1 カ月当たり最初の 100 万リクエストまで、コード実行時間およびメモリー容量に対する課金は 1 カ月当たり 40 万 GB 秒まで無料だ。

　Glue と Lambda は基本的にどちらも同じ処理を実施できる。ただし大量のデー

図2-2-3　コスト課題

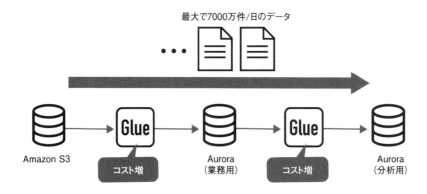

図2-2-4 Lambdaの料金体系(一部抜粋)

x86アーキテクチャーを利用する場合

月に利用するGB秒	1024MBのメモリーを割り当てた場合のコスト（米ドル/GB秒）
0〜60億	0.0000166667
60億〜150億	0.000015
150億以上	0.0000133334

Amazon Web Servicesの資料を基に作成

図2-2-5 Lambdaに割り当てるメモリー容量ごとの料金体系(一部抜粋)

メモリー容量（MB）	1ミリ秒当たりのコスト（米ドル）
128	0.0000000021
512	0.0000000083
1024	0.0000000167
2048	0.0000000333
4096	0.0000000667
8192	0.0000001333
10240	0.0000001667

Amazon Web Servicesの資料を基に作成

タを処理するには、一般にGlueが向いている。Glueはタイムアウトまでの時間がデフォルトで48時間である。そのため長時間のデータ処理でも問題なく実行できる。一方、Lambdaは15分しか処理を継続できないという時間の制約がある。大量のデータを処理する場合、タイムアウトしてしまう恐れがある。

　扱えるデータサイズや搭載できるソフトウエアライブラリーにも差がある。Glueはペタバイト級またはエクサバイト級のデータを処理できると紹介されている。GlueはETLに必要なライブラリーを標準でロードする。一方、Lambdaは小規模データの処理に向くが、自前でライブラリーなどを設定しなければならない。まとめるとGlueはETL処理に特化しているが、最小限の処理が必要なユー

図2-2-6　Lambdaの利用イメージ

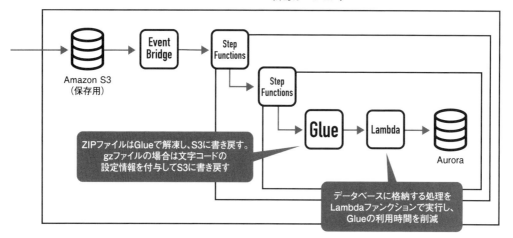

スケースには向かない。Lambda は汎用的で高度な処理を実施するには自らコーディングしてカスタマイズしなければならない。だが、小規模のデータ処理を安価に実行できる。

　コストで比較すると、Glue は DPU と時間による従量課金制で、ワーカータイプとワーカー数に依存する。Apache Spark を利用する場合は、ワーカー数を 2 以上に設定しなければならない。一方、Lambda はファンクションに割り当てたメモリー容量と実行時間などに応じて課金される。このため短時間で終わる少量のデータ処理であれば、Lambda のほうがコストを抑えられる。

　例として「データ格納処理」におけるコスト削減の方法を記載する。SBI 生命保険はS3のデータを Aurora に格納する処理を、Glue から Lambda に置き換えた。S3 に格納するファイルは、サイズを抑えるため ZIP 形式を用いることが多い。このファイルのデータを分析できるよう加工するため、Aurora に移行する際に Lambda を利用する（**図 2-2-6**）。

　ZIP ファイルではない場合は、直接 Lambda で処理するように実装する。ZIP ファイル形式の場合は、解凍機能を備えている Glue の処理を残す。Lambda でも解凍処理はできるが、制限時間である 15 分で終わらない可能性を考慮した結

果だ。なお確実に 15 分以内で解凍処理が完了する場合は、Lambda を利用するほうがコストを抑えられる。また単純なデータのロード処理は、AWS が提供する S3 から Aurora へのデータ転送機能を組み合わせることにした。

Lambdaに置き換える際の注意点

　Lambda ファンクションを利用する際に重要なのが開発手法の共通化だ。Lambda ファンクションは多様なプログラミング言語で実装でき、記法も比較的自由だ。しかし複数の開発者がそれぞれ独自に実装すると、改修時のプログラムの解析に時間がかかり、メンテナンスコストが増大してしまう恐れがある。

　対策としては、利用言語の限定やテンプレート化、パラメーター化が有効だ。筆者は、Lambda ファンクションを実装するプログラミング言語を社内で開発者の多い Java、または AI 開発で多用する Python に限定した。テンプレートとなる Lambda ファンクションを実装し、開発者がテンプレートをコピーし、必要な機能を選択するだけで処理を実装できるようになる。さらに Lambda ファンクションの改修を容易にするため、パラメーター化に力を入れた。例えばアクセスするテーブル数などは共通ファイルとして保存し、Lambda ファンクションを変

図2-2-7　SBI生命保険で実施したコスト削減の効果

えずにパラメーター操作で処理を変更できるようにしている。

　Glue から Lambda に置き換えたことで、SBI 生命保険は AWS のコストを抑えることに成功した。従来、S3 のデータレイクのデータに対して ETL 処理を施し、Aurora に格納する場合は、Glue の利用コストに約 40 万円／月がかかっていた。Lambda に置き換えた後で処理コストを算出したところ、約 9 割を削減できる結果となった（**図 2-2-7**）。

2-3

コスト削減に効くマイクロサービス 導入時に注意する時間制約

　現在のシステム開発は素早いビジネス環境の変化に適応することが求められている。こうしたシステムに欠かせないアーキテクチャーの 1 つが「マイクロサービスアーキテクチャー」である。マイクロサービスアーキテクチャーは従来のモノリシック（一枚岩）なシステム構成とは異なり、システムを独立性の高い小さなサービスの集合体として構成し、サービス間を RESTful な API（アプリケーション・プログラミング・インターフェース）などで連携させる。

　マイクロサービスアーキテクチャーはコスト削減につながる。理由の 1 つが改修での開発工数・テスト工数を抑えやすいことだ。マイクロサービスアーキテクチャーは小さなサービスの集合体なので、モノリシックなシステム構成よりも、改修時の影響範囲を限定しやすい。マイクロサービスアーキテクチャーは、一度つくって終わりではなく継続してブラッシュアップさせていく DX（デジタル変革）のシステム開発においては、コスト削減の効果が大きい。

Lambdaを活用してコスト削減

　SBI 生命保険はマイクロサービスアーキテクチャーの基盤として AWS を使っている。AWS をマイクロサービスアーキテクチャーの基盤として活用する際、コスト削減効果を高める方法がある。それはイベント駆動型コード実行サービスである Lambda を使うことだ。軽量な処理を Lambda で実装して、イベント連係のサービスである EventBridge を使ってイベント発行側と受け取り側をつなぐ。マイクロサービスアーキテクチャーの実装には、コンテナ基盤サービスの「Amazon ECS/EKS」を使うケースが多いが、コストを考えると Lambda は有力な選択肢になる。

　ただし Lambda には実行時間の最大値が 15 分という制約がある。この時間的な制約があるため、Lambda のみでマイクロサービスを構築するのは難しい。15 分以内で終わらない処理を、別のバッチ処理や Amazon ECS/EKS に任せると

いった話はよく聞くだろう。

API Gatewayを利用したコンポジットAPI化を実施

「コスト削減効果を重視して、Amazon ECS/EKS ではなく Lambda を使う」――。この方針でシステム構築を進めた筆者は、マイクロサービスの実装に向けて API 管理サービスの「Amazon API Gateway」（以下、API Gateway）を利用したコンポジット API 化に取り組んだ。コンポジット API は、多数のノードからアクセスを受け付ける「共通窓口（API）」を構築し、各ノードはその共通窓口を介して別のノードにアクセスする手法だ。共通窓口がハブのような機能を担うため、管理しやすくなる（図 2-3-1）。

API Gateway を利用したシステム構成は、それぞれの API 1 ～ 3 を用意して各マイクロサービスとして機能を実装する。その後、各マイクロサービスを処理する共通窓口に API Gateway を使う。これがコンポジット API という発想だ。一見すると、共通窓口の構築に手間がかかると感じるかもしれない。だが、共通部品化により開発効率が向上し、一元管理によってネットワークセキュリティーを担保するのが容易になるというメリットがある。

ただし API Gateway の処理時間には注意が必要だ。API Gateway の処理時間

図2-3-1　コンポジットAPI化したシステムの概要

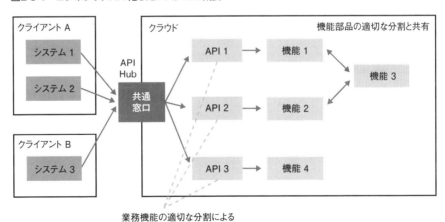

の最大値は 29 秒である。API Gateway のほうが Lambda より最大処理時間が短いのだ。筆者は、以下に挙げる 2 つの手法を用いてこの課題を解消している。

Amazon SQSを利用する

1 つは、メッセージキューイングサービスの「Amazon SQS（Simple Queue Service)」（以下、SQS）と EventBridge を用いて非同期処理と並列処理により、処理時間を 29 秒以内に収める方法だ。キューイングは待ち行列のことで「処理の順番待ち」という意味である。システム間で同期を取ってメッセージングを行う場合、受信側の状態に問題があれば送信側はメッセージを送信できない。そのため送信側は処理できないままスタック（停止）してしまう（**図 2-3-2**）。

そこで登場するのがキューイングである。キューイングを使えば、送信側は受信側の状態に影響されない。キューイングにより、分散アプリケーションで非同期処理を進められる。筆者はデータウエアハウス（DWH）システムで、SQS と

図2-3-2　キューイングのイメージ

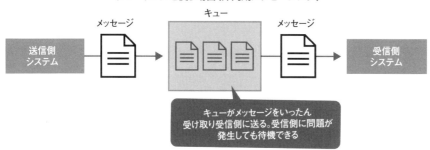

図2-3-3　SQSを利用したシステム構成

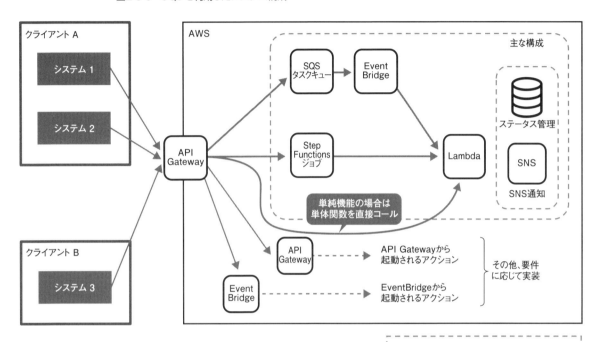

EventBridge を利用し、処理時間を考慮したイベントを非同期で複数の Lambda ファンクションによって分散処理させ、各処理を 15 分以内に終了させるように工夫した（図 2-3-3）。

同期処理にはStep Functionsを活用

　一方で同期が必要な処理は、上述の方法は適用できない。そこでもう1つの解決策を用いた。それはイベント駆動型の設計パターンである「Saga パターン」だ。
　Saga パターンは分散システムでサービス間のトランザクションを管理し、一貫性を保証する。処理を受け持つサービスに対して順次イベントを送って処理を進

図2-3-4　Saga パターンの主な2つのアプローチ

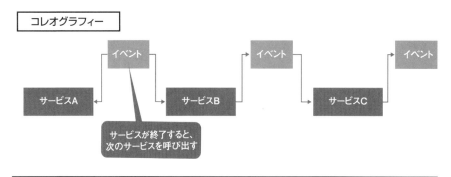

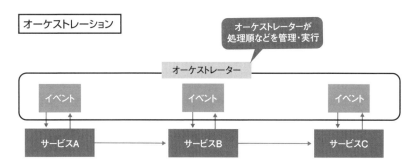

める。処理の途中で不具合が発生した際は、キャンセル処理のイベントを送って
処理を取り消す。

　Saga パターンの代表的なアプローチには「コレオグラフィー」と「オーケスト
レーション」がある。コレオグラフィーはサービス間を連係させる際に、あるサー
ビスが終了してから次のサービスを呼び出す設計パターンだ。一方、オーケスト
レーションはオーケストレーターと呼ばれるプログラムが実行するサービスなど
を管理する（**図2-3-4**）。

　筆者は、密結合を防ぐという観点からオーケストレーションを採用した。オー
ケストレーターには Step Functions を利用した。同サービスを使えば、Lambda
で構築したサービスをコントロールでき、トランザクション処理を実現できる。

呼び出し元に手を入れる

　ただしこの手法を用いても API Gateway の 29 秒という最大処理時間の制約は
残る。そこで筆者は、API Gateway の呼び出し元（クライアント）に対して処理
ステータスの監視パラメーターを用意して対応した。例えばこの監視パラメーター
が処理未終了となっていれば、処理を継続しているものと見なす。29 秒以内に
処理が終了しない場合は、継続している処理を参照できる（図 2-3-5）。

　処理が完了していれば、処理を終了させるというループ処理をクライアント側
に実装する。これで同期処理に対応できるようになる（図 2-3-6）。

図2-3-5　クライアント側に監視パラメーターを用意する

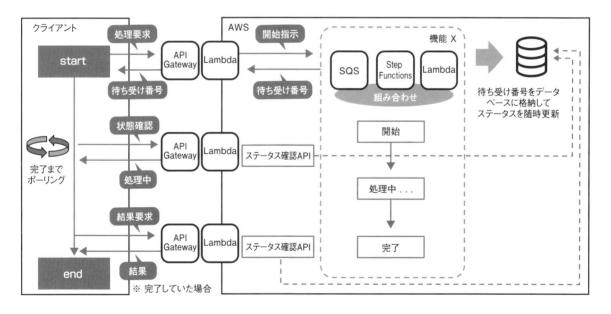

図2-3-6　SBI生命保険が実装した2つの方法のまとめ

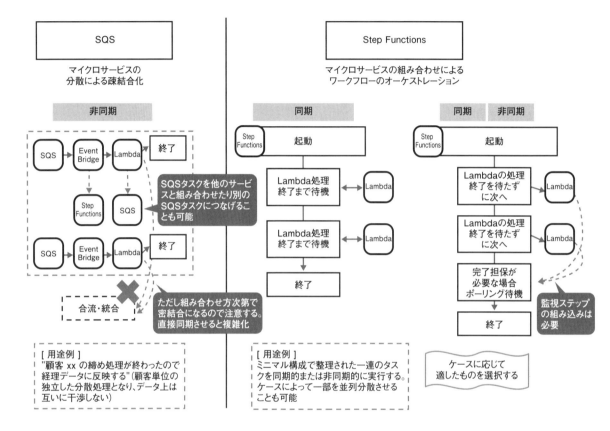

2-4

本当に必要かを見極める
Athenaのコスト削減

　データの分析処理に使える AWS のフルマネージドサービスが「Amazon Athena」（以下、Athena）だ。Athena はオブジェクトストレージの「Amazon S3」やデータウエアハウス（DWH）の「Amazon Redshift」、NoSQL データベースサービスの「Amazon DynamoDB」（以下、DynamoDB）などに格納されたデータを標準 SQL で直接分析できる。

　従来のデータ分析手法は、データソースから分析しやすいようにデータを抽出・加工して専用のデータベースに格納する。その後、データベースに対して SQL を発行してデータを分析する。ただしデータソースと分析用のデータベースに同じ内容のデータを重複して保存するため、ストレージ容量を余分に消費する。

　一方、Athena は標準 SQL を用いて S3 のデータソースから大量のデータセットを取得して分析できる。Athena 自体がデータ読み取りとクエリーエンジンの機能を備えるため、新たに分析用のデータベースを用意せずに処理を完結できる。しかもサーバーレスのサービスなので、開発者側でシステム基盤を用意する必要もない。手早く容易にデータ分析環境を構築できるため、多くの企業で重宝されている。

Glueと併用が一般的

　Athena を利用する際は、「AWS Glue」と併用することが多い。AWS の公式ドキュメントでも「AWS Glue との統合」を紹介している。Athena を用いて S3 のオブジェクトに対してクエリーを実施する場合、直接に操作できないことが多い。S3 はオブジェクトストレージのためデータベース化しておらず、スキーマやデータカタログを保持していないからだ。

　そこで Glue の「Crawler」と「AWS Glue Data Catalog」（以下、Glue Data Catalog）を利用して前処理を施す。Crawler はデータソースを自動でスキャンし、データ形式を特定してスキーマを推論する。Glue Data Catalog は、データスト

アに保存されているデータベースやテーブルにメタデータ情報をデータカタログとして保存するのに利用できる。

このようにGlueを使えば、S3に格納されたデータソースに対してスキーマやデータカタログを構築し、Athenaで直接クエリーする前処理を施せる（**図2-4-1**）[注1]。

Athenaコストの削減ポイントは3つ

Athenaを使うには、まずクエリー結果を利用するためのデータベースやテーブルを、S3などに構築する。その後、クエリーを実施するSQLなどを記述してデータソースに対してスキャンを施す。一連の作業は「Athena コンソール」と呼ばれる管理画面から実行可能だ。

Athenaの料金体系を確認しよう。Athenaを利用する際、課金対象になるのは「スキャン対象のデータ量」と「スキャン回数」である。具体的には、1TBのデータ量に対して1回スキャンをかけるのに5米ドルの料金がかかる。例えば1GBのデータ量に対して200回のスキャンを実施した場合は、「0.001（TB）×5（米ドル）×200（回）＝1米ドル」という料金が発生する。データ量が多くなれば、当然かかるコストも増加する。3TBのデータに対して200回のスキャンを実施した場合は、「3（TB）×5（米ドル）×200（回）＝3000米ドル」といっ

図2-4-1　AthenaとGlueを併用するイメージ

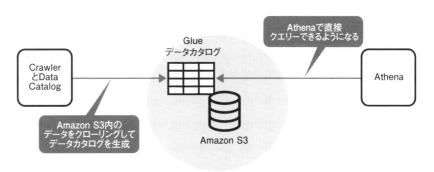

注1 Glue ETLジョブを用いてデータを前処理し、Athenaのクエリーに使いやすい形にすることもできる。

た料金が課金される。ただし Athena はデータソースに対してスキャンした時点では課金されない。スキャンに失敗した処理は課金対象外である。

　Athena のコストを削減するには、スキャン対象となるデータ量を減らすことが求められる。これには、(1) 対象データを圧縮する、(2) データをパーティションで分割する、(3) 行指向データを列指向に変換する、といった主に 3 つの方法が有効だ（**図** 2-4-2）。

　(1) が最も簡単である。S3 などのオブジェクトストレージに保存するデータをGZIP などで圧縮する。スキャン対象のデータの多くはテキストデータだろう。こうしたデータ形式であれば GZIP による圧縮率も高くなり、スキャンの対象とするデータ量を大幅に削減できる。(2) は、Athena で実行する SQL に工夫が必要だ。例えばスキャンの WHERE 句にパーティションを指定して、スキャン範囲を制限する。パーティションで日付ごとにテーブルを分けておけば、他の日付に発生したデータをスキャンせずに済む。こうしてスキャン対象のデータ量を削減

図2-4-2　Athenaのコストを削減する3つのポイント

（1）対象データを圧縮

CSVやJSON形式　　　　gzファイル

（2）データをパーティションで分割

例：パスが「s3://バケット名/年/月/日/ファイル名」の場合

Glue Data Catalog

| 年 | / | 月 | / | 日 | / | ファイル名 |

パーティションを設定したい
フォルダーに対して定義を追加

SELECT … WHERE year =2023

2022　2023　2024

（3）行データを列指向に変更

CSVやJSON形式　　　　PARQUETやORC形式

できる。

　（3）はデータベースに手を加える。行指向のデータベースはデータを行単位で保持したり、取り出したりする。これを列単位で実施する列指向のデータに切り替える。Glue などを使えば、JSON や CSV といったデータを簡単に列指向のデータに切り替えられる。スキャン速度の向上にも寄与する。

本当にAthenaが必要かを見極める

　Athena は料金体系が分かりやすく、便利に使えるマネージドサービスだ。しかし利用を進めると Athena のコスト面の課題が見えてくる。その1つが Glue との併用が欠かせないことである。

　SBI 生命保険では、部署や部門に所属するユーザー自身が必要なデータを分析できる体制を整えようとしていた。自部署に必要なデータを自ら分析することで業務の効率化や高速化が図れると考えていたからだ。ところが用途やスコープが定まらない状況では、どうしてもスキャン回数が増える。Glue を併用すると、Glue ETL ジョブにコストがかかり、総コストが増大する。

　Athena と Glue のコスト増を問題視した筆者は、Athena の利用目的を再確認した。SBI 生命保険ではユーザー自身でデータ分析できるような環境を整えることが目的だ。この目的を達成できるのであれば、必ずしも Athena を利用する必要はない。

　そこで講じた施策が Athena の利用中止である。Athena と Glue で実施していた処理を、BI ツールの「Amazon QuickSight」（以下、QuickSight）と、データベースサービスの「Amazon Aurora」で代替することにした。S3 に格納されている全データの中から、分析に必要なデータだけを取り出して Aurora に格納する。そして QuickSight を利用して Aurora に格納したデータソースを参照し、コスト削減を実現した（**図 2-4-3**）。

　分析データをいったん Aurora に格納するため、高コストに感じるかもしれない。しかし Athena と Glue を使ってデータを抽出・分析するよりもコストを削減できる。実際に試算した結果を示す（**図 2-4-4**）。

図2-4-3　AthenaとGlueの処理をAuroraで代替

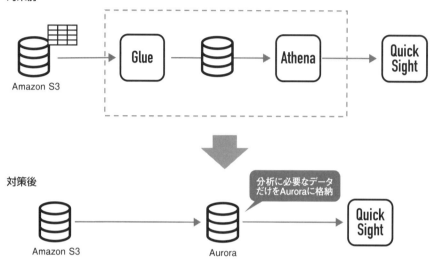

Athenaの利用停止による副次的効果

　Athena の利用を停止したことで副次的な効果もあった。それがコスト変動の要素を排除できたことだ。

　Athena 利用時はユーザーのスキャン回数に比例してコストが増加していた。システム運用者がユーザーの動向や実際に実施するスキャン回数を把握するのは難しく、コストの変動が頻繁に発生していた。一方、Aurora であれば稼働時間を最適化することでコスト効率が向上する。QuickSight を使ったクエリーは、スキャン回数に制限がない。コストに対する不確定要素を削減でき、将来のビッグデータ基盤構築に向けたいい先例となった。

　ただしシステム構成の見直しなどが発生する場合、ビッグデータの分析環境を一気に構築するのは困難だ。SBI 生命保険も QuickSight を導入するまでの道のりは苦労の連続だった。これから Athena から Aurora への移行を考えているのであれば、段階的な分析基盤の構築をオススメする。

　例えば S3 にデータを蓄えているような分析基盤構築の過渡期であれば、

図2-4-4　Athena+GlueとAuroraの料金を比較した結果（1米ドル150円で試算）

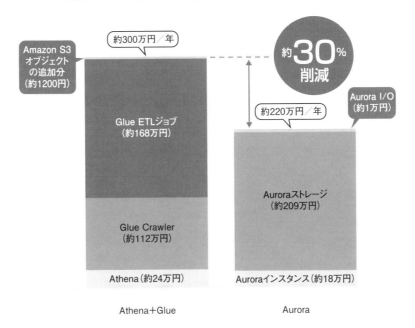

Athenaを利用したほうがいいだろう。未加工の大量データを取り扱うには、標準SQLをフルサポートしたAthenaを利用したほうがパフォーマンス的に適しているからだ。ユーザーにデータ分析基盤を開放することも早期に実現できる。

　一方、既にAthenaを利用しているならば、コスト変動が少ないAuroraへの置き換えを検討したい。ただしいきなりすべてをAuroraに置き換えるのは難しい。コスト一部を置き換えてコスト削減を確認しつつ、段階的な置き換えを進めることが肝要だ。

2-5

分析に欠かせないRedshift 余計なデータ格納を回避

　AWSが提供するデータウエアハウス（DWH）サービスが「Amazon Redshift」である。データベースやストレージからデータを高速に抽出できる列指向のリレーショナルデータベース管理システム（RDBMS）サービスだ（**図2-5-1**）。

　AWSでDWHやデータ分析基盤を構築する際は、高速に分析できるRedshiftの採用が有力な選択肢となる。AWSには、「Amazon RDS」（以下、RDS）やAuroraなどのRDBMSサービスもある。ただしこれらのサービスは行指向のデータベースであり、データ更新に向く。そのため、分析処理はレスポンス速度に課題が生じることが多い。一方、Redshiftは列指向のデータベースである。必要最低限の項目を高速に抽出できる。

　Redshiftのサービスには「Amazon Redshift Provisioned」（以下、Redshift Provisioned）と「Amazon Redshift Serverless」（以下、Redshift Serverless）がある。前者は仮想プライベートクラウド（VPC）上にRedshiftのサーバーをプロビジョニングし、クラスター構成で利用する。要件や性能などに合わせて、ユー

図2-5-1　Redshiftの利用イメージ

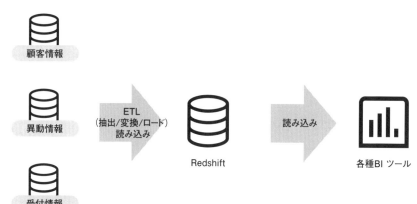

ザーがカスタマイズやチューニングを施さなければならない。一方、Redshift Serverless はプロビジョニングなどの設定は自動的に実施されるため、DWH の運用をすぐに開始できるというメリットがある。

前払いでコストを抑える

Redshift Provisioned の料金体系を見ていこう。Redshift Provisioned は、ノードと呼ばれるコンピューターリソースの集合体であるクラスターで構成される（図2-5-2）。

図2-5-2　DC2ノードとRA3ノードの違い

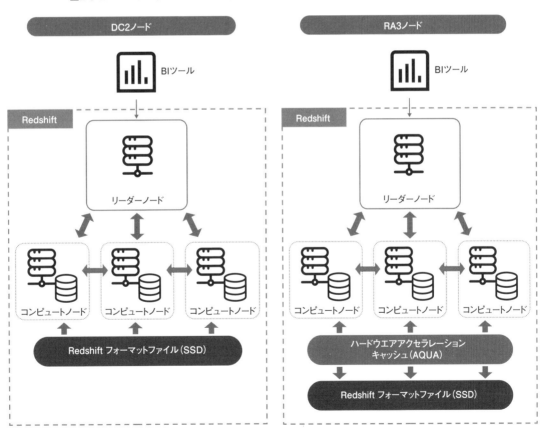

Amazon Web Services の資料を基に作成

　ノードは「DC2」や「RA3」といったタイプがあり、それぞれでコストが異な
る（図2-5-3）。DC2のノードタイプは各ノードが個別のSSDストレージを保持
する。データ処理の独立性やパフォーマンスの向上が期待できる。HDDを用い
る大容量ストレージ向けのノードタイプ「DS2」がかつては主流だった。しかし
現在はDC2に置き換えられている。

　RA3のノードタイプはデータ処理とストレージを独立させ、アクセス頻度が高
いデータは「AQUA」と呼ばれるキャッシュ領域で高速に処理する。各ノードは
個別にストレージを保持しないが、RMS（Redshift Managed Storage）というス
トレージを共有する。RMSは内部的にAmazon S3のデータ領域を利用する。ノー
ドが軽量なので拡張性に優れており、処理に応じてスケールアウトが容易である。

　Redshift Provisionedのコストを削減するには、長期利用を前提とした「リザー
ブドインスタンス（RI）」プランの採用を視野に入れたい。1年間または3年間使
い続けることを条件に通常料金よりも安く利用できる。

　RIには、（1）前払いなし、（2）一部前払い、（3）全額前払い、という3種類

図2-5-3　Redshift Provisionedの料金体系(一部抜粋)

● DC2

インスタンスタイプ	vCPU	メモリー（GiB）	I/O（GB/ 秒）	料金（米ドル / 時間）
dc2.large	2	15	0.6	0.314
dc2.8xlarge	32	244	7.5	6.095

● RA3

インスタンスタイプ	vCPU	メモリー（GiB）	I/O（GB/ 秒）	料金（米ドル / 時間）
ra3.xlplus	4	32	0.65	1.278
ra3.4xlarge	12	96	2	3.836
ra3.16xlarge	48	384	8	15.347

Amazon Web Services の資料を基に作成

図2-5-4　リザーブドインスタンスの料金体系

支払い方法	割引額	契約期間
前払いなし	オンデマンド料金に対して約 20 〜 55%	1 年間または 3 年間
一部前払い	最大約 73%	
全額前払い	最大約 76%	

Amazon Web Services の資料を基に作成

の契約形態がある。(1)は1年または3年の間、月単位で料金を支払う契約だ。(2)はリザーブドインスタンスの料金を一部事前に支払い、残りを1年または3年の期間で払う。(3)は1年または3年の料金を一括して最初に支払う。Redshift を使い続けることが分かっているのであれば、(2)や(3)の支払い方法がオススメだ。最大で7割以上のコスト削減につながる(図2-5-4)。

Redshift Serverlessの料金

　Redshift Provisioned はユーザー自身でクラスターを構成するノードタイプやノード数を決めなければならない。分析を進めていくとクラスターのチューニングも必要になる。選択するインスタンスによっては高いコストがかかる。最適なコストで利用するには、熟練度が必要なサービスといえる。

　一方、Redshift Serverless は AWS のシステムがクラスターのプロビジョニングなどを実施する。ユーザーがインフラやクラスターを管理する必要はない。また Redshift Serverless で作成したスナップショットを Redshift Provisioned のクラスターに復元することも可能だ。

　Redshift Serverless は、DWH がアクティブなときに消費したコンピューターリソースに対して課金される。コンピューターリソースは「RPU(Redshift Processing Unit)の利用時間」と「ストレージに保存したデータ量」で決まる(図2-5-5)。

　RPU は Redshift Serverless が実施するクエリ処理などで利用するリソース

図2-5-5　Redshift Serverlessの料金体系

リソース	価格
RPU	1RPU 当たり 0.494 米ドル／時間
ストレージ	0.0261 米ドル／ GB

Amazon Web Services の資料を基に作成

だ。1 つの RPU で 16GB のメモリーを利用できる。RPU 数は 8 の倍数で指定でき、最小値は 8 であり最大値は 512 だ。RPU の数が多くなればなるほど、多くのコンピューターリソースを利用できるため、コストはかかるがデータ処理や ETL（抽出／変換／ロード）ジョブのパフォーマンスを向上できる。デフォルトは 128RPU である。

　ただし RPU は 1 秒ごとにコストが発生し、最低料金は 60 秒である。つまり 1 秒でも RPU による処理を実施すれば、60 秒分のコストが発生する。ちなみにクラスターを起動させる時間に対してはコストが発生しない。ストレージの料金は保存したデータ量に対して GB 単位の月額課金となる。

　Redshift Serverless にはパフォーマンスを維持したり、予算を管理したりするため「ベース」と「最大」というオプションが用意されている。ベースは Redshift Serverless を実行するために利用する RPU 数を指定する。最大はスケールアウトする RPU の最大数を指定する設定だ。日や週、月といった期間で指定できるので、コスト管理に有効だ。制限を超えた場合は、コストを発生させないようにクエリーを禁止するといったアクションも設定できる。

Redshiftに格納するデータ量を減らしてコスト削減

　筆者は分析用の DWH に Redshift Serverless を採用した。DWH に格納したデータを使って AWS の BI ツールの QuickSight を用いて分析する。その際は分析速度を考慮し、Aurora に格納しているデータをいったん Redshift に移してから分析することにした。ところがコスト面の課題が浮き彫りになった。Aurora と Redshift で 2 重にデータを保持するため、ストレージコストが増大したのだ。

図2-5-6　Federated Queryの処理イメージ

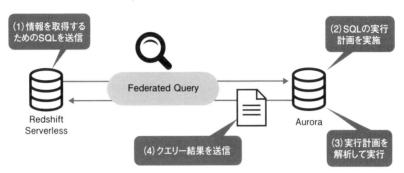

Redshift は分析に欠かせないサービスだが、データを格納すればするほどコストは膨らむ。

　そこで筆者はコスト削減策としてデータを Redshift に格納せずに利用することに取り組んだ。具体的には、Redshift Serverless の「Federated Query」を活用する。Federated Query は日本語に訳すと「横串検索」のことだ。Redshift Serverless から RDS や Aurora にクエリーを発行できる仕組みである（図2-5-6）。

　まず Redshift Serverless 内で BI ツールから送信されるクエリー処理に対応する SQL を組み立てる。その SQL を Federated Query で Aurora に送信し、Aurora でクエリー処理を実行する。つまり、Redshift のクエリー処理を Aurora で実施するというわけだ。データの格納場所が Redshift の外になり、2 重にデータを保持することがなくなる。コスト削減を実現できる。

　ただし注意点がある。それが Aurora のパフォーマンスがクエリー処理の速度上限になることだ。Federated Query を利用すると、Redshift のメリットであるレスポンス速度が向上しない。その理由が（1）Redshift Serverless がサーバーレスのサービスなので、Federated Query を実行するまでに待機時間が発生する、（2）Redshift と Aurora の間でデータを転送するため時間がかかる、という大きく 2 点が挙げられる。

　通信に時間を要することは理解していたが、意外だったのは Aurora の処理にまで遅延が生じたことだ。詳細に調べてみると、Federated Query で転送され

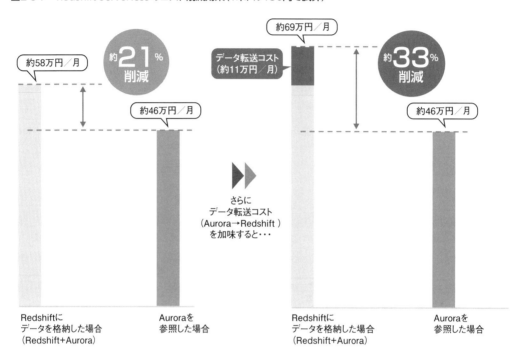

図2-5-7　Redshift Serverlessのコスト削減効果（1米ドル150円で試算）

た SQL を、Aurora 内部でコンパイルするのに時間を要していることが分かった。

　そこで筆者は、レスポンス速度の課題を解決するために Aurora で仮想テーブル（ビュー）を構築し、シンプルな SQL を実施するという施策を講じた。こうして SQL のコンパイル作業が軽量になり、レスポンス速度は約 4 倍も向上した。ビューをチューニングすれば、さらなるレスポンス速度の向上が見込めるだろう。もしビューのレスポンス速度が向上せず、思った通りの効果を発揮できない場合は、マテリアライズドビュー（Materialized View）の検討も視野に入れたい。

　Redshift は列指向の DWH サービスであり、大量データを高速に処理できることがメリットだ。しかし Redshift にデータを格納すると、その分コストが膨らんでしまう。大量データの分析に欠かせない Redshift のクエリー処理を Aurora で実施することで大幅にコストを削減できる。

　パフォーマンスの課題が生じたが、Aurora のビューなどをチューニングする

ことで解決した。Aurora のパフォーマンスがクエリー速度の上限になるが、分析対象データ次第では Redshift のコスト削減につながる（図 2-5-7）。

ベース RPU を減らして手軽にコスト削減

　2023 年 3 月、AWS は Redshift Serverless におけるベースの最小値を 8RPU に引き下げた。それまでは 32RPU であった。ベースの最小値が下がったので小規模な DWH でも Redshift Serverless を利用しやすくなった。筆者も初期設定では「32RPU」で指定していた。それを最小の 8RPU に変更したところ、Redshift Serverless の月額コストは約 75%削減できた。RPU の減少率がそのままコスト削減につながったと言える。

　RPU 数が減少したので、レスポンス速度に問題が生じるかと思われたが、筆者の環境では特に変化はなかった。設定 1 つでコストを大幅に削減できる可能性もあるので、ベースの見直しを検討してほしい。

2-6

Auroraの運用コストを軽減
単純だが効果大の停止スケジュール

　AWS が提供するサーバーレスのリレーショナルデータベースサービスの 1 つに「Amazon Aurora」がある。Aurora はインスタンスを起動すれば、すぐに一般的なデータベース管理システム（RDBMS）と同じように利用できる。設定次第でオートスケーリングも可能だ。多くの企業で導入が進むマネージドサービスである。料金体系は利用した分だけ課金が発生する従量課金制である。

　しかし Aurora を利用する際は、従量課金制について頭では分かっているものの見落としがちなポイントがある。それが「使用したリソースは 1 秒単位で課金（最小 1 分）」という料金体系だ。Aurora のコストは、(1) インスタンスの利用コスト、(2) ストレージのコスト、(3) I/O のリクエストコスト、という 3 つの要素を考えなければならない。I/O のリクエストコストは処理量に依存するので試算が難しい。そこでコストは「インスタンスの利用コスト」と「ストレージのコスト」に焦点を当てて削減テクニックを説明する。

単純だが削減効果は大きい

　まず Aurora の料金体系をおさらいしておこう。SBI 生命保険では「db.r6g.large」と「db.r6g.xlarge」のインスタンスタイプを利用している（**図 2-6-1**）。

　AWS の Web サイトには、Aurora は「MySQL の最大 5 倍、PostgreSQL の最大 3 倍のスループットを実現できる」とうたっている。性能が高い分、AWS が提供するデータベースのマネージドサービスの中で高コストの部類に入るといえるだろう。SBI 生命保険では「AWS Cost Explorer」を使って毎月コストを確認していた。Aurora の利用機会が増えるにつれて、Aurora がコスト高のサービスの上位にランクインするようになっていた。

　Aurora のコストを削減する手っ取り早い方法は、起動時間を減らすことだ。多くのエンジニアは「データベースは常に動いて当たり前だ」と考えていないだろうか。とりわけオンプレミス環境を長く経験したエンジニアであれば、なおさ

図2-6-1　Auroraの料金体系（一部抜粋）

インスタンスモデル	vCPU	メモリー(GiB)	ストレージ(GiB)	専用EBS帯域幅(Mbps)	ネットワーキングパフォーマンス(Gbps)	インスタンス単価(米ドル/時間)	データベースストレージ単価(米ドル/GB・時間)	バックアップストレージ(米ドル/GB・時間)
db.r6g.large	2	16	EBSのみ	最大4750	最大10	0.313	0.12	0.023
db.r6g.xlarge	4	32	EBSのみ	最大4750	最大10	0.627	0.12	0.023

Amazon Web Servicesの資料を基に作成

図2-6-2　停止スケジュールと停止対象システム

環境	対象システム	曜日	停止時間帯（JST）
UAT	業務用Aurora	月～金	21時（当日）～7時（翌日）
UAT	業務用Aurora	土、日	21時（当日）～7時（翌日）
UAT	分析用Aurora	月～金	21時（当日）～7時（翌日）
UAT	分析用Aurora	土、日	21時（当日）～7時（翌日）
DEV	業務用Aurora	月～金	21時（当日）～7時（翌日）
DEV	業務用Aurora	土、日	21時（当日）～7時（翌日）
DEV	分析用Aurora	月～金	21時（当日）～7時（翌日）
DEV	分析用Aurora	土、日	21時（当日）～7時（翌日）

らそう思うだろう。SBI生命保険では、24時間365日稼働を前提としてAuroraを利用していた。しかも本番環境とユーザー受け入れテスト（UAT）環境、開発（DEV）環境のすべてでAuroraを運用していた。

　AWSのマネージドサービスは起動や停止を簡単に実施できる。本番環境は24時間365日運用が前提であるため停止できない。一方、ユーザー受け入れテスト

や開発で利用している Aurora は、作業を実施していない間は停止してしまえば
いいのだ。筆者は、Aurora クラスターを4環境保持していたのでスケジュール
を組んで、利用時以外は停止することにした（**図 2-6-2**）。

　こうしたスケジュールを組む際は、業務に影響が生じない時間帯を把握するた
め現場の協力が欠かせない。担当者とは綿密な打ち合わせを実施してスケジュー
ルを組んだ。このテクニックは大きな効果があった。計算したところ、年間でお
よそ 100 万円のコスト削減に成功している（**図 2-6-3**）。

図2-6-3　Aurora停止によるコスト削減効果（1米ドル150円で試算）

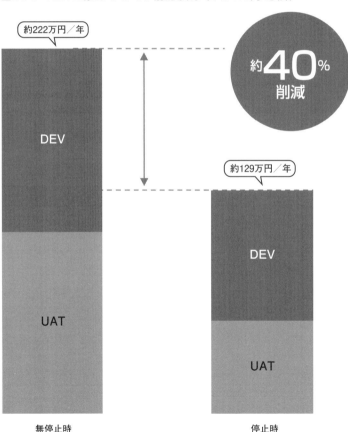

原則24時間自動停止に発展

　起動時間を制限すれば、Auroraのコスト削減につながることは分かった。筆者はAuroraの起動時間をさらに短くする施策を施している。当初は夜間から朝型にかけて原則停止としていたルールを「原則24時間自動停止」とした。テスト工程などでやむを得ず利用する場合は、インフラ担当者に連絡するというルールに変更したのだ。こうして利用者がいない時間帯は原則停止を徹底できた。

　ここではAuroraを取り上げたが、別のマネージドサービスでも同様だ。とりわけAWSのマネージドサービスを使い始めた段階では、AuroraとAmazon EC2の利用料金が高くなりがちだ。あらためてリソース数と稼働時間の最適化を考えてほしい。単純な施策であるが、Auroraと、開発環境として利用しているAmazon EC2インスタンスも併せて停止させたので、想像以上のコスト削減を達成できた。

2-7

DynamoDBのコスト削減
読み書きのファイルサイズが鍵

　AWSが提供するNoSQLデータベースのマネージドサービスが「Amazon DynamoDB」である。DynamoDBはAP型と呼ばれる。「A（Availability）」は可用性のことで、「P（Partition Tolerance）」は分断耐性を指す。サーバーレスのサービスなのでテーブルを自動的にスケーリングして容量を調整でき、システム内のあるノードに障害が発生してもクラスタリングによってサービスを停止せずに処理を持続できる。

　低遅延のデータアクセスを実現するためにDynamoDBを利用している人も多いだろう。リレーショナルデータベース管理システム（RDBMS）はテーブルレイアウトやデータ型の定義が厳密だが、その分処理に時間を要し、運用・保守も大変だ。一方、NoSQLデータベースは項目や属性の定義が必要ないスキーマレスのテーブル構成を実現できる。厳密なデータ処理には向かないが、ビッグデータを扱う際は高速な処理が期待できる（図2-7-1）。

図2-7-1　RDBMSとNoSQLデータベースの違い

	RDBMS	NoSQL
メリット	データの一貫性が高く、多次元的に素早く分析できる	処理速度が速い
格納形式	行と列で構成されるテーブルのみ	キー・バリュー型やグラフ型などのさまざまな形式に対応
一貫性	高い	低い
パフォーマンス	遅い	速い
スケールアウト	複雑	簡単
操作手段	SQL	オブジェクトベースのAPI

アクセス頻度で選ぶ

　DynamoDBは料金体系がとても複雑だ。テーブル内の「データ保存」と「読み込み／書き込み処理」の2つが課金対象となる。DynamoDBのコストを削減するには、自社のデータの読み込み／書き込み処理に適する設定を施すことが重要となる。

　データ保存の料金体系から見ていこう。データ保存の処理に対するコストは「テーブルクラス」によって異なる。DynamoDBには2つのテーブルクラスが用意されており、格納するデータに対するアクセス頻度を基に使い分ける。

　通常は「Standardテーブルクラス」を利用する。ただしアクセス頻度の低いデータを大量に保存する場合は「Standard-IAテーブルクラス（Amazon DynamoDB Standard-Infrequent Accessテーブルクラス）」を使用するといい。Standardクラスに比べて約60%のコストに抑えられる（図2-7-2）。Standard-IAテーブルクラスは、アプリケーションのログや古いSNSへの投稿、eコマースの注文履歴、過去のゲーム実績など、アクセス頻度の低いデータを長期間保存する場合に適する。

2つの「モード」がある

　読み込みや書き込みの処理コストを考える際は「キャパシティモード」に注目する。DynamoDBには「プロビジョンドキャパシティモード」と「オンデマンドキャパシティモード」の2種類があり、モードごとに読み書き処理のコストが異なる（図2-7-3）。

　前者は、1秒当たりに必要な読み込み回数や書き込み回数をあらかじめ指定する。ユーザー自身で処理に必要なリソースを計算して設定しなければならないが

図2-7-2　データ保存におけるDynamoDBの料金体系

テーブルクラス	料金（米ドル／月）
DynamoDB Standard	0.285/GB
DynamoDB Standard-IA	0.114/GB

Amazon Web Servicesの資料を基に作成

図2-7-3　2つのキャパシティモード

キャパシティモード	概要
オンデマンドキャパシティモード	実行したデータの読み込み／書き込みリクエストに対して課金される。読み込みと書き込みのスループットの予測値を指定する必要がない
プロビジョンドキャパシティモード	1秒当たりの読み込みと書き込みの回数を指定する。Auto Scaling が可能

Amazon Web Services の資料を基に作成

コストを抑えられる。一方、後者は読み書きの回数に応じて、AWS 側で自動的に DynamoDB のリソースを調整する。ユーザーが必要なリソースを計算する手間は省けるが、その分コストが膨みがちになる。

　新システム・新サービスの開始当初はアクセス数を予想しづらいもの。DynamoDB に必要なリソースを決めるのは難しく、負荷に応じて容量を増加できるオンデマンドキャパシティモードを採用することが多いだろう。筆者も DynamoDB を用いたシステム構築当初は、オンデマンドキャパシティモードを採用した。しかし筆者が携わっているシステムは相当数のリクエスト処理が常に発生していた。そのため DynamoDB の利用コストが高騰してしまった。

プロビジョンドキャパシティモードを利用する

　あらためてプロビジョンドキャパシティモードとオンデマンドキャパシティモードのコストを見ると、おのずと削減ポイントが分かってくる。同じ処理を施すならば、プロビジョンドキャパシティーモードのほうが低コストである（図2-7-4）。

　プロビジョンドキャパシティーモードは DynamoDB のデータを読み書きする際、「読み込み／書き込みリクエスト単位」×「キャパシティユニット単価」×「整合性モード」で課金される。読み込み／書き込みリクエスト単位はデータを読み書きするための API コール数である。

　キャパシティユニットは読み込み／書き込みできるデータ量を表し、読み込み処理では「RCU（Read Capacity Unit）」、書き込み処理では「WCU（Write Capacity Unit）」という単位を採用している（図2-7-5）。1RCU は、4KB のブロック1つを読み込むために必要なリソースである。一方の 1WCU は、1KB のブロッ

図2-7-4 2つのモードのコストを試算した結果

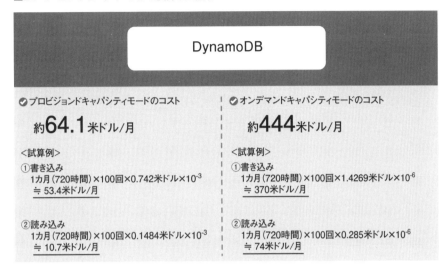

図2-7-5 プロビジョンドキャパシティユニットの料金

キャパシティユニット	料金（米ドル / 時間）
RCU（読み込みキャパシティユニット）	0.0001484
WCU（書き込みキャパシティユニット）	0.000742

Amazon Web Services の資料を基に作成

ク1つを書き込むために必要なリソースだ。処理に応じてユニット数を増やせば、コストは増加するがスループットは向上し、素早く処理できる。

整合性モデルは、読み書きするデータの結果整合性を示す。例えばデータの読み込みでは、データの結果整合性によって「トランザクション読み込み」と「強力な整合性のある読み込み」、「結果整合性のある読み込み」の3種類がある（**図2-7-6**）。

DynamoDBは3カ所にデータを書き込み、そのうち2カ所に書き込みを終えると完了したと返す。残りの1カ所には1秒以内に書き込む。DynamoDBに格

図2-7-6　プロビジョンドにおける読み込みリクエストの整合性モード

読み込みリクエスト	概要	必要な RCU 数（4KB まで）
トランザクション読み込み	複数にまたがるテーブルを更新する際に整合性を保つ	2
強力な整合性のある読み込み	書き込みにより更新を反映された最新のデータを返す	1
結果整合性のある読み込み	最新の書き込み結果が反映されていないことがある	0.5

Amazon Web Services の資料を基に作成

図2-7-7　プロビジョンドにおける書き込みリクエストの整合性モード

書き込みリクエスト	概要	必要な WCU 数（1KB まで）
結果整合性のある書き込み	書き込み結果が反映されていないことがある	0.5
トランザクション書き込み	書き込み更新が正確に反映される	1

Amazon Web Services の資料を基に作成

納したデータを読み込んだ際、2 カ所に書き込みが終わっても残り 1 カ所でデータの書き込みが終えていない可能性はある。こうした場合は、古いデータを読み込んでしまう。

　そこで結果整合性のある読み込みは、3 分の 2 の読み込みで結果が一致した場合に応答する。もしデータの書き込みが完了していないテーブルからデータを読み込むと、書き込みが完了したデータとは不一致になる。この場合は、残りの 1 カ所のテーブルからデータを取得して比較し、一致するデータを読み込む。強力な整合性のある読み込みは、3 カ所すべてのデータを比較して同一であることを確認した後、結果を応答する。

　読み込むデータのサイズが 4KB 以下ならば、トランザクション読み込みの場合は 2 単位が必要である。強力な整合性のある読み込みならば 1 単位、結果整合性のある読み込みならば 0.5 単位で済む。8KB を読み込むリクエストであれば倍の

単位が必要になり、トランザクション読み込みで4単位、強力な整合性のある読み込みで2単位、結果整合性のある読み込みで1単位が必要となる。

　書き込みリクエスト単位も読み込み時と同様に結果整合性によって料金が変わる（図2-7-7）。書き込みにおけるキャパシティユニット（WCU）が1で1KBまで1秒当たり標準の書き込みリクエストを1回実行できる。

1回の読み込みを4KB以下に

　DynamoDB の用途によるが「プロビジョンドキャパシティモード」を選択し、結果整合性モードを「結果整合性のある読み込み」や「結果整合性のある書き込み」で運用すると、最もコストが安くなる。

　大切なのが、RCU は4KB までを1ブロックとして計算することだ。1回の読み込みリクエストを4KB 以下に設計すれば、コストはさらに削減できる。同様に WCU は1KB までを1ブロックとして計算するため、1回の書き込みを1KB以下にする設計をするといい。

　設計者が実装者にしっかり意図を伝え、DynamoDB コストの試算精度を向上させる。当該内容を基準に料金設定を考慮し、DynamoDB へデータ読み書きを処理する機能単位で処理想定容量をバイト単位で試算し、DynamoDB の事前料金設計を実施するとさらなるコスト削減につながる。

　長期の利用を検討しており、スループットの変動が少ない場合は「リザーブドキャパシティ」を採用したい。これは1年間または3年間の利用を約束する代わりに通常料金よりも安く利用できる。オンデマンドキャパシティモードは対象外となるので注意が必要だが、プロビジョンドキャパシティモードを使う際はさらなるコスト削減が可能になる。

2-8

DynamoDBは割高になりがち データの2重保存を回避

　2-7 から引き続き NoSQL データベースのマネージドサービスである DynamoDB を取り上げる。DynamoDB は低遅延のアクセスが可能なので AI（人工知能）システムやビッグデータを取り扱うシステムなどと相性がいい。このような理由から DynamoDB を採用している企業は多い。

　ただし DynamoDB は高い性能を備えている半面、AWS の他のデータベースサービスに比べて、コストが割高に感じる。例えばリレーショナルデータベース管理システムサービスである Aurora と比較すると、DynamoDB のストレージ料金は、DynamoDB Standard で 0.285 米ドル /GB である。一方、Aurora Standard のストレージ料金は 0.12 米ドル /GB だ。同じデータ量を保存するのに、DynamoDB は Aurora の倍以上コストを必要とする。さらに DynamoDB は、1 データ当たり 400KB 以内という制約がある。DynamoDB をビッグデータの格納場所として利用する際は注意が必要だ。

データの保存場所を再検討

　AWS にはさまざまなストレージサービスがあり、どこに保存していいのか迷ってしまう。筆者も DynamoDB の利用を進めるうちにコスト増が課題となり、データの保存先を再検討することになった。ビッグデータの中には、映像や音声といった BLOB（Binary Large OBject）型のデータがある。またデータ量も多い。当初は BLOB 型のデータを DynamoDB に格納することを検討した。実際に検討した結果を示す（**図 2-8-1**）。

　比較した結果、S3 にデータを保存して、DynamoDB には S3 上のデータの参照を保存した。保守・運用に対応しやすいうえに低コストであると判断した。S3 のストレージ料金は 0.025 米ドル /GB と安価であり、DynamoDB を使うよりもコストが 10 分の 1 以下になる。

　DynamoDB から S3 に保存されたデータを参照するイメージを記す（**図 2-8-2**）。

図2-8-1 データを格納するストレージの比較

	案1	案2	案3	案4
施策内容	Aurora に BLOB データとして保存	DynamoDB に BLOB データとして保存	Amazon S3 に BLOB データを保存し、DynamoDB に参照データを保存	FSx for Windows File Server に BLOB データを保存
実現可能性	○	×（1項目に400KBの制限あり）	○	○
ストレージ料金（米ドル/GB）	0.12	0.285（25GB/月まで無料）	0.025	0.156（SSD ストレージ）0.016（HDD ストレージ）
概算コスト（1GBのファイルを100個格納）※	12 米ドル/月	28.5 米ドル/月	2.5 米ドル/月（Amazon S3 の料金のみ、DynamoDB のコストはファイルサイズが 1KB 未満なのでほぼかからない）	15.6 米ドル/月（SSDストレージ）1.6 米ドル/月（HDDストレージ）

※：I/O 料金などストレージコスト以外は考慮しない

図2-8-2 Amazon S3データの参照をDynamoDBに格納

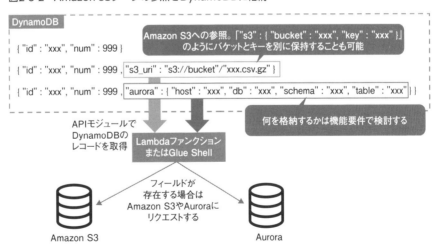

Lambda ファンクションや Glue Shell などを使って API モジュールを実装し、データ参照するイメージとなる。むやみにデータを格納するのではなく、最適なコス

トを考慮しながら格納することが重要だ。筆者は、分析用データは Aurora に入れて、ログなどのビッグデータや AI で利用するデータは S3 に格納した。DynamoDB は参照先のインデックス情報のみを管理することにしている。

　この工夫により DynamoDB のデータ保存コストが削減され、分析用データなどを RDBMS サービスと S3 に 2 重で保存することを防止した。業務データとビッグデータの取り扱いを明確に分けることが、ストレージコストを削減する第一歩だと認識してほしい。

2-9

検索サービスのKendra
コスト下げる秘策はインデックス

　近年、社内検索システムを構築する企業は多い。社内に散在するデータを検索して参照し、業務の効率化などを図る。こうした検索に利用できるのがAWSの全文検索サービス「Amazon Kendra」（以下、Kendra）である。Kendraは企業が保存するさまざまなデジタルデータを自然言語で検索できる。さらに機械学習を活用して、より精度の高い検索結果を得られるように設計されている（図2-9-1）。

　SBI生命保険ではコールセンターのオペレーター向けシステム構築を企画していた。顧客からの問い合わせに対して、オペレーターが社内データ（しおりや保険約款など）を検索し、即座に回答できるようにするものだ。システムには、全文検索機能やFAQ作成機能などが求められていた。全文検索機能によって、ファイル名やタイトルだけでなく、文書内の本文まで含めて文字列を検索し、必要な文書ファイルを探し出す。FAQ作成機能を使うことで、SBI生命保険が新たなサービスを開始してもすぐにFAQを自動作成する（図2-9-2）。

　こうした機能を実現するため、AWSの検索サービスを用いることにした。候

図2-9-1 Amazon Kendraの特徴

（1）自然言語検索
自然言語で質問できる。キーワードベースの検索と異なり、ユーザーは具体的な質問で検索可能

（2）機械学習による精度向上
ユーザーの検索パターンやフィードバックを学習し、検索結果の精度を向上できる

（3）情報の統合
コネクタと呼ばれる部品を使ってさまざまなデータソースと結び付ける機能がある。一元的な検索が可能

図2-9-2　Kendraを利用したシステムのイメージ

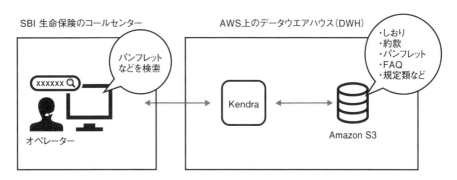

補として挙がったのは「Amazon OpenSearch Service」（以下、OpenSearch Service）と前出の Kendra である。

Kendraのほうがコスト高

　一般に全文検索システムなどを構築するには、OpenSearch Service を利用することが多いだろう。筆者もオペレーター向けシステムの企画当初は、OpenSearch Service を利用する予定だった。Kendra が OpenSearch Service よりも高いと考えていたからだ。検索サービスだけのランニングコストでは、Kendra のほうが月額で3倍ほど高いという試算結果になった（図2-9-3）。

　しかし筆者は Kendra を採用した。トータルコストを考えると、Kendra のほうが安価になる可能性が高かったからだ。Kendra はデータから FAQ を自動作成できる機能を備えているなど多機能である。OpenSearch Service を使うと、そうした足りない機能の作り込みが発生する。

　Kendra は IT エンジニアではない一般ユーザーにも使いやすいという利点もある。筆者はこの特徴を生かして、情報システム部門の運用・保守タスクを減らそうと考えた。具体的には、データソースを S3 に配置し、FAQ の情報をユーザー部門（コールセンターのオペレーター）側で更新できるようにする。そのために CI/CD（継続的インテグレーション／継続的デリバリー）基盤を構築し、データのデプロイ（配置）の際にシステム管理者が承認するセキュリティー対策などのプロセスを盛り込んだ。こうした施策により、ユーザー側で FAQ のデータを更

図2-9-3 コストを試算した結果（1米ドル130円で試算）

	Kendra	OpenSearch Service
主なコスト	✅Kendra Indexの料金 **約13万円／月** <試算例> Index：1008米ドル／月	✅インスタンスタイプ＋Amazon EBS の種類・サイズに応じた従量課金制 **約3万7000円／月** <試算例> t3.medium.search、EBS（gp3）：100GB、インスタンス数3 Amazon EC2：0.112×24×30×3＝242米ドル／月 Amazon EBS：0.1464×100×3＝44米ドル／月
概要	・機械学習を用いた高精度のエンタープライズサーチサービス ・分析エンジンだけでなく、コネクタやアクセス制御、検索基盤などを兼ねる	オープンソースの検索および分析エンジン
検索方法	キーワード検索以外に自然言語による検索やセマンティック検索などが可能	SQL形式での検索やK-NN検索などが可能
主なユースケース	・社内ドキュメントなどの全文検索 ・チャットボットと連携したFAQ	・社内ドキュメントなどの全文検索 ・ログ分析やリアルタイムのアプリモニタリングなどの分析
想定される利用者	開発者以外の一般ユーザー向け	開発者やデータ分析者向け
利用可能なデータソース	Amazon S3やAurora、Microsoft SharePointなど	Amazon S3など

新できるようになった。

Kendraのコストはインデックスが肝

　さらにKendraのコストを抑える手法を模索した。Kendraを利用する前には、インデックスを作成しなければならない。インデックスにはKendraから各種検索の実行に必要なドキュメント情報が格納される。Kendraはインデックスを作成した時点から課金される。

　インデックスは、ユーザーごとにファイルやFAQの閲覧を制限するのに使える。

図2-9-4 フォルダーごとに権限を設定するイメージ

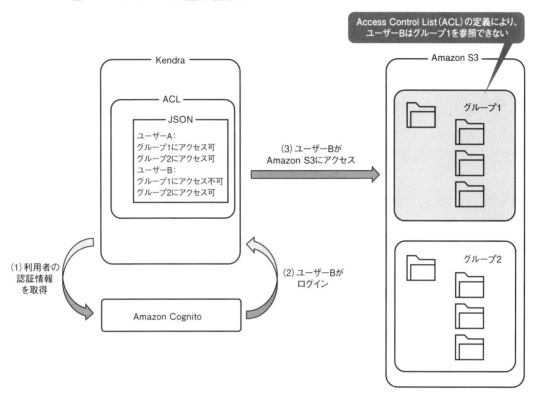

　簡単な実装方法は、それぞれのユーザー権限に対してインデックスを作成することだ。ただし Kendra は、インデックス単位で月額費用が固定的に発生する。むやみにインデックスを作成するとコストがかさむ。またインデックスを更新する（閲覧ファイルを更新する）作業は必要だが、更新する際にもコストが発生する。

　そこで閲覧権限の設定やインデックスを更新するタイミングを工夫した。インデックスを分割しすぎると固定的なコストが増えてしまう。そのためデータソースである S3 バケット内のフォルダーにアクセス制限を設けることにした（図 2-9-4）。

　Kendra はファイル単位でアクセス制限できるが、ファイルを作成するたびにファイルごとに権限を設定しなければならない。用途別（部署など）に分けて権

限を設定し、コスト増にならないように構築した。データソースのフォルダーに参照権限を設定し、その配下にそれぞれの FAQ ファイルを配置した。ユーザーごとの権限ではなく、用途別に分けることでインデックスの増加を防いだ。

　部署ごとに権限を与える処理は「Amazon Cognito」と Kendra の ACL（Access Control List）で実現した。Amazon Cognito で認証時にログインユーザーの権限を特定して、その権限を ACL の JSON と組み合わせて対象フォルダーにアクセスできるかどうかを判断する。

更新タイミングを工夫してコストを抑える

　さらにインデックスの更新タイミングを工夫した。上述したが Kendra ではインデックスを更新するたびにコストが発生する。SBI 生命保険のコールセンターの FAQ はデータが 1 日に何度も更新される可能性は低い。そこで更新タイミングを 1 日に 1 回とすることでコストを抑えることにした。

　Kendra の利用を検討する際は、開発・運用・インデックス作成、更新のコストを意識するといいだろう。Kendra は OpenSearch Service に比べて一見すると高いが、開発・運用のコストを加味すると、安くなった。筆者が試算したところ、OpenSearch Service に比べて全文検索機能の開発・運用のコストは約 44％削減でき、FAQ 機能の開発・運用コストは約 32％削減できた。

全文検索が注目される理由

　一般に資料などを検索する際は、「見出し語」で検索することが多い。見出し語は文書のファイル名やタイトルだけを対象に検索し、該当する文書を探し出す。それに対して「全文検索」はファイル名やタイトルだけでなく、文書内の本文まで含めて文字列を検索し、必要な文書を探す。

　全文検索は業務効率化に欠かせない機能だ。（1）業務生産性や費用対効果が向上する、（2）顧客対応品質が向上する、（3）ナレッジが属人化しない、という大きく3つのメリットがある。

　（1）から説明する。従来の見出し語検索は文書のタイトルや見出しのみを検索するため、必要な情報にたどり着くのに時間と手間を要する。このような状態が続くと、システムの活用が進まず、徐々に利用頻度は減ってしまう。全文検索システムならば、特定の条件に当てはまる文書や資料をよりスピーディーに見つけられる。時間と手間が大幅に削減されるため、業務生産性が向上するだけでなく、システムの費用対効果が高められる。

　問い合わせマニュアルや保険約款など、顧客対応に必要な業務資料を迅速に探せれば、顧客の質問に対して素早く返答できる。結果として、顧客満足度向上が期待できる。これが（2）のメリットだ。

　（3）は有識者のナレッジを全社に展開しやすくなることだ。業務ノウハウをつめこんだナレッジデータベースから業務資料を手軽にスピーディーに探せれば、ナレッジの共有につながる。結果として、有識者のナレッジが全社的に行き渡りやすく、1人ひとりのスキルアップやパフォーマンス向上につながる。

2-10

バッチジョブ運用に効果あり
Step Functions でコスト削減

　バッチ処理はジョブコントロールが肝要である。日立製作所が開発する「JP1」
やユニリタが開発する「A-AUTO」などの統合運用管理ツールでバッチジョブを
コントロールしている企業も少なくないだろう。運用管理ツールを利用すれば、シ
ステムの安定稼働につながる。オンプレミス環境でこうしたツールを利用している
と、運用に慣れているためクラウド環境でも流用してしまいがちだ。例えば EC2
で仮想マシンを構築し、その上で運用管理ツールを稼働させるといった具合だ。

　しかし運用管理ツールを使う場合は、ライセンスコストやランニングコストと
いった維持費が発生する。ジョブコントロールの処理を AWS のマネージドサー
ビスに置き換えれば、コストを削減できる可能性がある。

　AWS のマネージドサービスを使ってジョブのコントロールを実現するには、さ
まざま手法がある。例えば Step Functions や「AWS Batch」、「Amazon
MWAA（Amazon Managed Workflow for Apache Airflow）」などを利用する
方法だ。筆者は、AWS の各マネージドサービスと従来の運用管理ツールのメリッ
トとデメリットを比較し、Step Functions を利用したジョブコントロールの仕組
みを実現した。

　Step Functions は、分散アプリケーションやマイクロサービスのコンポーネン
トを統合する AWS のマネージドサービスだ。Lambda ファンクションの呼び出
しなど、アプリケーションにおける一連の処理（ステップ）を「ワークフロー」
という単位にまとめて、イベント発生をトリガーに呼び出す。このワークフロー
の 1 つひとつを「ステートマシン」と呼び、ステートマシンを定義するには、
Amazon ステートメント言語（Amazon States Language、ASL）という JSON ベー
スの構造化言語を用いる（**図 2-10-1**）。

　ステートマシンで実行するステップはデータの入出力を簡素化する JSONPath
（XPath for JSON）で定義できる。例えばステップの実行結果を後続のステップ
に渡す際のパラメーターを指定したり、得られた出力結果に対して一部にフィル

図2-10-1　Step Functionsのイメージ

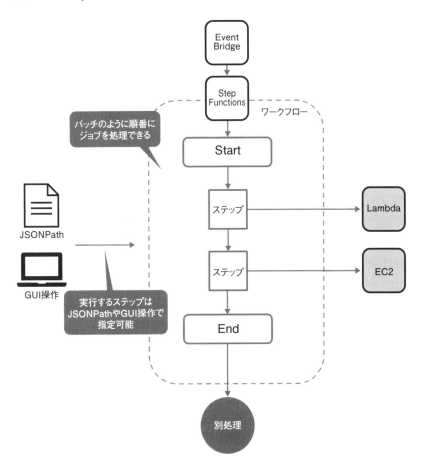

タリングを施したりすることも可能である。

ツールを検討する流れ

　従来の運用管理ツールを利用するか、またはStep Functionsを利用するかは企業によってさまざまなポイントを考慮しなければならない。SBI生命保険がStep Functionsを採用するに至った検討の流れを紹介する（**図 2-10-2**）。

　これまでも運用管理ツールを利用しており、この先も安定した運用が必要な場

図2-10-2　採用基準の選定フロー

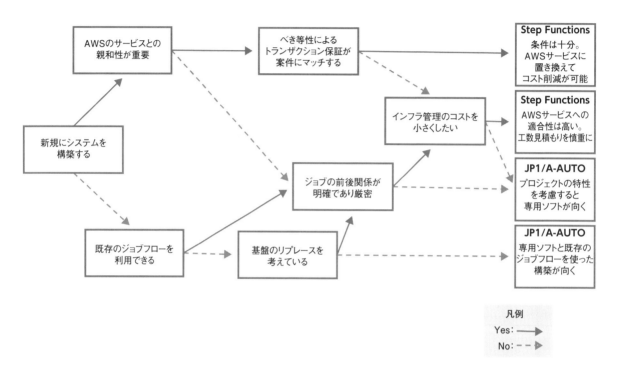

合は JP1 などを検討するといいだろう。習熟がスムーズであり、使い方にも慣れているからだ。オンプレミス環境で利用するのであれば、コストはかかるものの安定した運用が可能になる。

　次に考慮したいのがジョブの前後関係だ。Step Functions では、並列処理が入れ子になることもある。より複雑な処理が必要な場合、処理フロー全体の可読性が悪くなる。そのため運用管理ツールのほうが適している。一方、ジョブの前後関係が明確であり、ある操作を何度実行しても同じ結果を得られる性質「べき等性」が担保されている場合は、Step Functions に置き換えやすい。実運用に堪えうるワークフローを構築できるだろう。

　SBI 生命保険ではコストを考慮した結果、マイクロサービスアーキテクチャーに変更した。変更の際には、設計・開発といった新たなコストが発生したが、月

図2-10-3 Step FunctionsとJP1のコスト比較

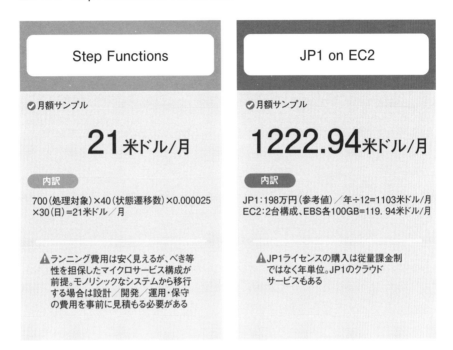

額の運用コストを比較すると、試算した JP1 の利用コストに比べて 98% の削減に成功している（図 2-10-3）。

2-11

データのセキュリティー強化に必要マスキング処理を安価に実現する

　社内に蓄積されたデータを自由に分析・活用して業務に生かす「データの民主化」に取り組む企業が増えている。データウエアハウス（DWH）に格納した業務データを各部門・部署に提供し、ユーザーが自由に分析して業務の効率化などを目指す。ただしデータの民主化には、各部署・部門が使えるデータに対するセキュリティー対策やガバナンスの徹底が欠かせない。

　業務データ（本番データと呼ぶ）を加工やマスキングをしていない生の状態で企業内のユーザーに提供すれば、許可していないユーザーに機密情報が参照されてしまう恐れがある。また本番データによっては、同一項目なのに別のコード値が設定されていることがある。これではユーザーが抽出する際の難度が高くなり、全社のデータ活用が進まない。

　こうした課題に対応する代表的な方法に「権限設定」や「データマスキング」といった処理がある。権限を適切に設定すれば、各ユーザーがアクセスするデータを制限できる。また外部に情報を漏らさないためデータにマスキング処理を施すのも有効だ。SBI生命保険でも、権限設定やデータマスキングといった対策を実施しようとした。

　しかし3つの課題に直面した。それは、（1）本番データなので適切な権限やセキュリティーの設定が大変である、（2）本番データのコード値が統一されておらず分析には不向き、（3）ユーザーが参照できる領域が限られてしまう、である。

　最初に筆者が検討したのは、すべてのユーザーが本番データを直接参照してもいい環境を整えることだった。だが、本番環境でデータをマスキング処理すると、他の業務に支障を来す恐れがある。権限を設定して対応することも検討したが、テーブルのカラムやユーザーアカウントの単位で制御しなければならない。すべてのテーブルに対してセキュリティー対策を施すことは、開発負荷や運用コストを考えると現実的ではなかった。

業務用と分析用のAuroraを用意

　筆者はシステム構成の検討を重ねた結果、2つのデータベースを構築することにした。サービスにはリレーショナルデータベースのAuroraを使う。データレイクの本番データを「業務用Aurora」に、ユーザーが分析に利用するデータは「分析用Aurora」にそれぞれ格納する。業務用データと分析用データを分離させ、分析用Auroraにデータを格納する際にはマスキング処理やコード値の統一処理などを施す（図2-11-1）。

　分析用Auroraには、マスキングスキーマを追加した。格納するデータはマスキングなしのスキーマとマスキングありのスキーマに分けて管理する。これで、すべてのユーザーに対してマスキング処理を施したデータを開放できるようになった。

マスキングの方法を検討

　続いて、マスキングをどのように実施するかを検討した。AWS環境でマスキング処理を実施するには、ETL（抽出／変換／ロード）サービスのGlueを利用するのが一般的だ。

図2-11-1　2つのデータベースを用意

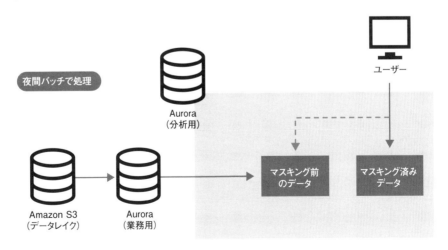

　しかし Glue は導入のハードルが低いが、AWS の中でコストが比較的高いと考えていた。筆者は検討を重ねた結果、インサイトテクノロジーが提供するマスキングツール「Insight Data Masking」(以下、IDM) の導入を決定した。サードパーティー製ツールを使うことがマスキング処理のコストを下げる秘策となった。

　インサイトテクノロジーは AWS での IDM の動作を保証している。「データマスキングルール」を定義するだけでマスキング処理を実施できるのに加え、GUI (グラフィカル・ユーザー・インターフェース) で操作できるメリットもある。

　SBI 生命保険では、オンプレミス環境のシステムで IDM を使ったデータマスキングルールを作成済みであった。IDM を導入すれば、これまでに作成したルールを転用できる。つまりオンプレミス環境のシステムを含めて全社的にマスキングルールが使える。このように既にマスキングルールなどが存在している場合は、サードパーティー製ツールの利用を検討する価値が高いだろう。

　ここで筆者による Glue と IDM の比較検討の結果を示す (図 2-11-2)。SBI 生

図2-11-2　GlueとInsight Data Masking(IDM)の比較

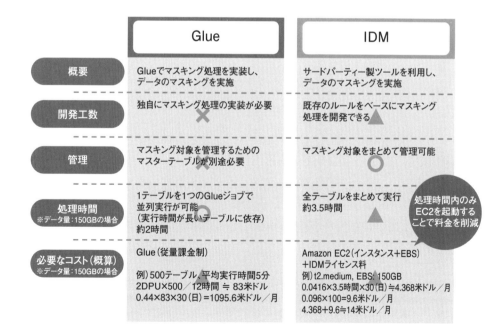

命保険がGlueを採用する際、課題としていたのは以下の3点だった。

（1）マスキングを実装するには開発コストが高いうえに、安全性・拡張性の確保
　　も必要になる
（2）マスキングルールを適用するなどの管理・保守のコストがかかる
（3）マスキングを実行する際に処理時間単位でGlueの稼働コストがかかる

　課題を解決するためにデータのマスキング部分をIDMに分離し、Glueを採用
する際の課題や懸念事項を回避することにした。（1）の課題に対しては、既に

図2-11-3　コスト削減の試算結果（1米ドル150円で試算）

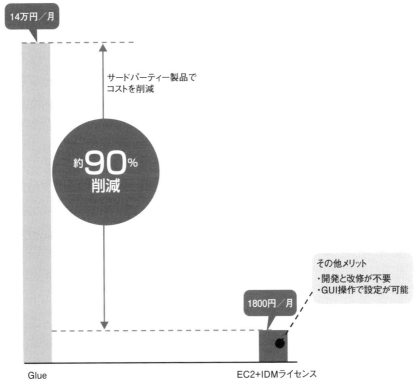

14万円／月

サードパーティー製品で
コストを削減

約**90**%
削減

その他メリット
・開発と改修が不要
・GUI操作で設定が可能

1800円／月

Glue

EC2+IDMライセンス

IDM：Insight Data Masking

SBI 生命保険内にマスキングルールがあった。IDM ならば新たなプログラムを実装せずにマスキングできる。(2) は GUI ベースによるルールの管理・追加によって管理やコストの負荷軽減が見込めた。IDM には全データを一斉にマスキングして高速に処理する機能が備わっている。高速処理により (3) の課題を解決できる。

　IDM の導入により、今後対象テーブルが増えたときは設定のみでマスキング処理が可能になった。AWS Management Console のようなイメージで設定できるようになり、運用・保守が楽になった。概算になるが、SBI 生命保険の場合は Glue でマスキング処理を施すコストと比べると約 9 割安になった（**図 2-11-3**）。

　ただし IDM の導入には、別途ライセンス費用が必要である。企業によっては Glue と比較してコスト削減できるとは限らないので注意してほしい。AWS のコスト高に悩む場合は、こうしたサードパーティー製ツールの利用を検討してみてもいいだろう。

2-12

アカウントはこまめに整理
QuickSight運用の注意点

　データ分析に欠かせないのが、BI（Business Intelligence）ツールやサービスである。数多くのBIツールが登場しているが、中でもAWSが提供するBIサービス「Amazon QuickSight」は注目である。QuickSightは、AthenaやAurora、Redshiftなどのさまざまなデータソースからデータを取得して分析できる。AWSサービスとの親和性が高く、CSVやJSONといった形式のファイルをインポートできる点も有用だ。

　QuickSightはサーバーレスのサービスなのでインフラの管理は不要である。スケールアウトも容易だ。アカウントを作成した後、データソースを選択するだけで利用を開始できる。SPICE（Super-fast Parallel In-memory Calculation Engine）と呼ばれる高速のインメモリー計算エンジンを採用しているため、データを分析したり、ダッシュボードに表示したりするのも速い。ビッグデータの分析に適している。

QuickSightの料金体系

　QuickSightの料金体系を整理する。QuickSightは安価に利用できるマネージドサービスだといえる。データソースに接続したり、ダッシュボードを作成したりするには、「作成者（Author）」というアカウントが必要になる。QuickSight

図2-12-1　作成者（Author）の料金体系

Authorライセンスの料金体系

	月契約の料金（米ドル／月）	年間契約の料金（米ドル／月）
作成者	24	18
QuickSight Q 作成者	34	28

Amazon Web Servicesの資料を基に作成

は作成者アカウントを保持するユーザー1人当たり24米ドル／月のコストが発生する（年間契約なら18米ドル／月）。「QuickSight Q 作成者」というアカウントもある。機械学習を利用した機能を備えており、質問するだけでデータを分析して、数値やグラフ、テーブルなどの形式で表示できる（図2-12-1）。こちらはユーザー1人当たり34米ドル／月のコストがかかる（年間契約なら28米ドル／月）。

　ダッシュボードを閲覧したり、メールでリポートを受け取ったりするには、「リーダー（Reader）」というアカウントが必要になる。このリーダーには「ユーザー料金」と「キャパシティーの料金」という2つの料金体系がある。前者はユーザー数、後者はセッション数によって課金される。

　決められたユーザーのみがダッシュボードを閲覧するなら、ユーザー料金を選べばいい。ユーザー料金のリーダーのアカウントはセッション単位による従量課

図2-12-2　リーダー（Reader）の料金体系

Reader ライセンスの料金体系（ユーザー料金）

	月額料金（米ドル／セッション）
リーダー	0.3（最大5米ドル）
QuickSight Q リーダー	0.3（最大10米ドル）

Amazon Web Services の資料を基に作成

Reader ライセンスの料金体系（キャパシティーの料金）

タイプ	セッション数	料金	超過料金／追加セッション
月額プラン	500／月	250米ドル／月	0.50米ドル
年間プラン	50,000／年	20,000米ドル／年	0.40米ドル
年間プラン	200,000／年	57,600米ドル／年	0.28米ドル
年間プラン	400,000／年	96,000米ドル／年	0.24米ドル
年間プラン	800,000／年	162,000米ドル／年	0.20米ドル
年間プラン	1,600,000／年	258,000米ドル／年	0.16米ドル

Amazon Web Services の資料を基に作成

金である。初期コストはかからないが、1セッション当たり0.3米ドルのコストが発生する。ただし月額コストには最大5米ドルという上限が設けられており、どれだけ使っても5米ドル以内にコストは抑えられる（**図2-12-2**）。

　「QuickSight Q リーダー」というアカウントもある。このアカウントを保持しているユーザーは質問するだけで共有されたリポートなどを調べられるようになる。1セッション当たりのコストは0.3米ドルとリーダーアカウントと同じだ。ただし月額の上限は10米ドルである。一方、キャパシティーの料金のモデルでは、セッション数が一番少ないタイプで250米ドル／月（500セッション／月）である。追加セッションに0.5米ドルが必要になる。

　SBI生命保険は分析システムにQuickSightを採用し、部署や部門のユーザーがQuickSightを使ってデータ分析できる環境を整えていた。ところが利用料の安いサービスのはずが、AWS利用料金の上位にQuickSightが含まれていた。

アカウントは都度整理

　SBI生命保険ではアカウントを常日ごろから見直して削除や停止を頻繁に実施していなかった。退職や離職でアカウントを削除することはあったが、利用コストが安価なサービスなのでコスト意識が薄れていたといえる。

　あらためてQuickSightのユーザーを調査したところ、契約ユーザー数が利用開始当初と比較して約16倍に増加していたことが判明した。利用コストもユーザー増につれて増加していたのである。

　AWSのマネジドサービスの多くは、使った分だけ課金される従量課金制だ。しかしQuickSightはユーザー数やセッション数に応じて課金される。最終利用日やQuickSightへのログインログなどを都度チェックし、こまめに利用アカウントを管理する。怠ると使っていないアカウントで課金が発生することもある。特に複数の部署を兼任しているようなユーザーには注意が必要だ。SBI生命保険もUAT（ユーザー受け入れテスト）環境とDEV（開発）環境で重複したアカウントが見つかった。料金が2重に支払われているため、無駄なコストになってしまう。

　QuickSightは利用していないアカウントを削除するという簡単な運用で相当なコスト削減が可能だ。適宜、利用ユーザーを把握し、都度アカウント削除を実施する運用だけでも相当なコスト削減が見込める。

CloudWatch のコスト削減

　AWS のリソースやアプリケーションの監視を実施するサービスが「Amazon CloudWatch」（以下、CloudWatch）だ。メトリクスを利用したパフォーマンスの監視やロギング（ログの収集）などを実施できる。多くエンジニアが利用しているサービスだろう。ここではロギングにおける CloudWatch のコスト削減に言及する。

　CloudWatch の代表的な機能が「CloudWatch Metrics」や「CloudWatch Alarms」、「CloudWatch Logs」、「CloudWatch Container Insights」、「CloudWatch Lambda Insights」である（図2-A）。

　SBI 生命保険は CloudWatch を利用してアプリケーションのログや各種イベントのログを収集・管理している。しかし長期運用において CloudWatch の利用料金が他のサービスに比べて顕著に高くなっていた。Invoice（請求）を確認して判明した。

　一般にログは消さずに運用することが多い。筆者も同様に考えていた。コストを考慮せずに CloudWatch を運用すれば、徐々にコストが増える。ログを管理している機能が CloudWatch Logs だ。**図 2-B** に CloudWatch Logs の

図2-A　CloudWatchが提供する機能

機能名	概要
CloudWatch Alarms	CloudWatch のメトリクスやログを収集して、ある状態になったときにメールや SNS などで通知する
CloudWatch Container Insights	コンテナ化されたアプリケーションやマイクロサービスのメトリクスとログを収集したり、集計したりする
CloudWatch Lambda Insights	Lambda ファンクションのランタイムのメトリクスとログを収集したり、集計したりする
CloudWatch Logs	各種 AWS サービスのログを管理・監視する
CloudWatch Metrics	特定のリソースやアプリケーションのパフォーマンスデータを収集し、メトリクスとして保存する

Amazon Web Services の資料を基に作成

図2-B　CloudWatch Logsの料金体系

機能	料金（米ドル／ GB）
収集（データインジェスト）のスタンダード	0.76
保存（アーカイブ）	0.33
分析（Logs Insight のクエリー）	0.0076
検出およびマスク	0.12

Amazon Web Services の資料を基に作成

料金体系を記す。

ログをAmazon S3に転送

　CloudWatch Logs は保存期間を設定できる。運用していると保存期間をなるべく長く設定しておきたいと考える人は多い。しかし CloudWatch Logs は Amazon S3 と比較すると、ログの保存料金が割高になるため注意したい。

　そこで長期保存が必要なログは Amazon S3 にエクスポートして保存し、利用時に CloudWatch Logs へと転送する。CloudWatch Logs にはできるだけデータを保管せずに短期間で削除すれば、コストを少し削減できる。

　ログを Amazon S3 にエクスポートするには、CloudWatch Logs のコンソール画面を使って手動で実施する。「AWS Lambda」を利用すれば自動化も可能だ。よりリアルタイム性を求めるならば、「Amazon Kinesis Data Firehose」で自動的に Amazon S3 に転送する。ただし AWS Lambda や Amazon Kinesis Data Firehose を使う場合は、手動で実施する場合と比較してコストが若干高くなる。しかし CloudWatch Logs に保存するよりは安い。

ダッシュボードのコスト削減

　地味であるが、CloudWatch ダッシュボードのコスト削減方法も記載する。CloudWatch ダッシュボードは、ダッシュボード（最大 50 個のメトリクス）

の数が 3 つを超えると料金が発生する。つまり不要なダッシュボードを削除すれば、コストの上昇を抑えられる。

　業務内容によるが、ダッシュボードの総数を 3 つ以下にすれば、AWS 無料利用枠内で利用できる。またすべてのダッシュボードのメトリクスの合計数を 50 未満に保つようにする。ダッシュボード関連の API 呼び出しは、AWS CLI または SDK 経由であると課金対象になるため、コンソールから無料で実行するとコスト削減になる。

第 3 章

プロジェクトで学ぶ削減術

　第3章では、SBI生命保険が新データウエアハウス（DWH）をクラウド上に構築したプロジェクト（以下、クラウドDWHプロジェクト）を取り上げる。このプロジェクトの過程で様々な試行錯誤を繰り返し、その中でコスト削減を積み重ねてきた。

　強調したいのは、ITの現場が前向きにコスト削減に取り組むには、チャレンジする姿勢・風土が必要だということである。ここでいうチャレンジの対象は、新しい技術の導入や業界で前例のない取り組みなどのことであり、コスト削減に限らない。SBI生命保険の情報システム部はチャレンジの一環としてコスト削減に取り組んでいる。

　クラウドDWHプロジェクトの過程を通して、ITの現場がどのようにしてチャレンジを繰り返し、その中でコスト削減を成し遂げているのかを紹介する。高いハードルや困難に直面したときはネガティブな思考に陥るときもあるが、チームで乗り越えている。ぜひ参考にしてほしい。

3-1

AWSを選んで先行者利益を得る 分析の肝になるDWH構築

　第3章では、SBI生命保険が新データウエアハウス（DWH）のクラウド上への構築プロジェクト（以下、クラウドDWHプロジェクト）を通して、どのようにコスト削減を積み重ねてきたのかを紹介する。第1章、第2章で取り上げたコスト削減術が再び登場するが、ここではそれらをITの現場で考え適用し改善したプロセスに焦点を当てる。

　AWSコストの削減は、汎用的なテクニックを適用するだけでは十分とはいえない。企業やITの現場ごとに創意工夫・試行錯誤しながら、コスト削減を積み重ねていく必要があると考えている。その観点で、クラウドDWHプロジェクトでの取り組みを参考にしてほしい。

DWHで「First Mover Advantage」を得る

　業界ごとに事情は異なるが、とりわけ生命保険業界は少子高齢化などの要因から市場が縮小し、従来の高コスト体質がなかなか改善されない構造になっている。塩漬けされたレガシーシステムが多く存在し、運用・保守だけでも莫大な費用が

図3-1-1　DWHを使い現場のユーザーが自らデータを収集・分析

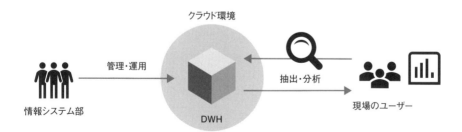

図3-1-2　SBI生命保険のシステム年表

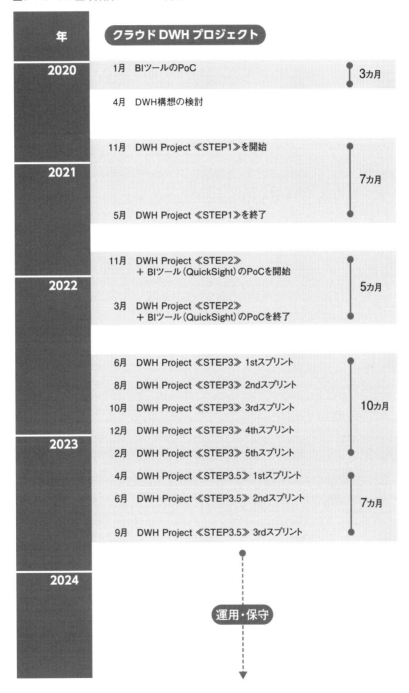

年	クラウドDWH プロジェクト	
2020	1月　BIツールのPoC	3カ月
	4月　DWH構想の検討	
	11月　DWH Project ≪STEP1≫を開始	
2021		7カ月
	5月　DWH Project ≪STEP1≫を終了	
	11月　DWH Project ≪STEP2≫ ＋ BIツール（QuickSight）のPoCを開始	
2022		5カ月
	3月　DWH Project ≪STEP2≫ ＋ BIツール（QuickSight）のPoCを終了	
	6月　DWH Project ≪STEP3≫ 1stスプリント	
	8月　DWH Project ≪STEP3≫ 2ndスプリント	
	10月　DWH Project ≪STEP3≫ 3rdスプリント	10カ月
	12月　DWH Project ≪STEP3≫ 4thスプリント	
2023	2月　DWH Project ≪STEP3≫ 5thスプリント	
	4月　DWH Project ≪STEP3.5≫ 1stスプリント	
	6月　DWH Project ≪STEP3.5≫ 2ndスプリント	7カ月
	9月　DWH Project ≪STEP3.5≫ 3rdスプリント	
2024	運用・保守	

かかる。一方で生命保険事業を取り巻く環境が急変していることも事実だ。顧客動向を分析したり、マーケティング戦略を立案したりする際、ゆっくりと時間をかけていてはそれ自体がリスクになりかねない状況である。

　こうした状況を打破するため、SBI生命保険はクラウドを活用したデータウエアハウス（DWH）の基盤構築に取り掛かることにした。クラウドにシステムを移行したり、構築したりすれば、オンプレミス（自社所有）環境よりもシステム運用・保守の手間や人員を抑えられる。またコンピューターリソースを柔軟に増減できるので、サービス規模に合わせた最適なコストで運用も可能だ。

　新たにSBI生命保険が構築したDWHは、ユーザー自身がAI（人工知能）やBI（ビジネスインテリジェンス）ツールを用いて、データを活用・分析できるデータ基盤である。ユーザーが自由に好きなタイミングで必要な情報をいつでも取り出せる「データの民主化」の環境を構築する。素早くデータ抽出や加工し、それらのデータに基づいた高度な判断が可能になる（図3-1-1）。

　生命保険業界だけの話ではないが、企業競争力を高める次の一手を素早く打たなければ業界で生き残るのは難しい。先んじた投資によって「First Mover Advantage」を得るためにもデータの民主化は欠かせない。クラウドDWHの構築と、データ分析のためのBIツール導入はSBI生命保険にとって最優先案件だったのだ。SBI生命保険が本格的に「クラウドDWHプロジェクト」に着手したのは2020年11月である（図3-1-2）。

　プロジェクト開始当初、SBI生命保険には個人保険領域の約50のサーバーと、約60のサブシステムがあった。ある程度のデータは集約できていたものの、データの置き場所がバラバラだったり基盤の共通化が不十分だったりした。定型データであればすぐに対応できたが、それ以外のリクエストに対してはさまざまなシステムから分析用のデータを抽出・集約しなければならない。現場からデータ抽出の依頼を受けても素早く対応することが難しかった。

　また業務の属人化も課題だった。現場からのデータ抽出のリクエスト対応については半ば固定化したサポートベンダーのエンジニアのみが知るノウハウに頼っていた。このため、ノウハウを備える特定のエンジニアに業務が集中する。こうした組織の構造的な課題も解決しなければならなかった。

SBI生命保険がAWSを選択したワケ

　SBI生命保険がクラウドDWHプロジェクトの準備を進めていた2019年は、日本で多くの金融機関がクラウドサービスを導入した年だ。大手金融機関はこぞってAWSや米Microsoft（マイクロソフト）のMicrosoft Azureなどを採用し、事例を公開していた。

　一方、保険業界に限ればクラウド利用は進んでいなかった。一部の大手企業の事例があるのみだったのだ。クラウド利用が進まない理由は、容易に想像できる。経営にマイナス影響を及ぼす可能性を考慮したからだろう。例えばセキュリティー問題や未知のインシデントへの対応である。経営陣はこうしたリスクに対して慎重な姿勢なのは仕方ない話である。

　しかし最近では大手金融や行政機関もDXを推進するために積極的にクラウドを採用している。クラウドを利用しない場合、ライセンスや基盤を定期的に更新するといったさまざまな不利益をもたらす可能性が高い。むしろ利用しないほうが経営リスクとなる時代ではないかと感じている。

　2019年当時は保険業界における事例が少なかったが、SBI生命保険はAWSの導入に踏み切った。複数のクラウドベンダーがあるが、AWSを選んだ理由は「データベースサービスの種類の多さ」「SBIグループの協業関係」の大きく2つである。

　SBI生命保険はさまざまリレーショナルデータベース管理システム（RDBMS）関連サービスを利用する予定だった。AWSのデータベースサービスであるAmazon RDSでは、MySQLやPostgreSQL、Oracle Database、SQL Server、MariaDBなどを利用できる。「Amazon Aurora」もMySQLまたはPostgreSQLのインターフェースを備える。こうした豊富なRDBMSサービスが魅力だった。

　またSBIグループでは、AWSを推奨クラウドプロバイダーとして選定している。AWSを活用した「地域金融機関向けのクラウドベースの勘定系システム」を提供し、地域の金融機関とビジネスパートナーとして業務連携を進めている。こうした取り組みもあり、AWSを導入するハードルは高くなかった。

　SBI生命保険は上記の理由からAWSを選択したが、最近はコスト効率化を狙ったITインフラの移行先としての役割に加え、DXを推進するための基盤としてAWS、Microsoft Azure、Google Cloudの3大クラウドは存在感を増している。

　最適なクラウドサービスを選択するためにも、ビジネス上の目標やコンプライアンス要件、セキュリティー、可用性、コスト、ユーザビリティーなどを総合的に考慮して比較検討することが重要だ。

AWS の 3 つの特徴

　SBI 生命保険は、AWS には優れたところが 3 つあると考えていた（**図 3-1-A**）。まず 1 つめの理由が、最先端のテクノロジーを多く採用していることだ。AWS を利用することで、誰もが最新のテクノロジーに触れることができる。AWS は 2024 年 2 月の執筆時点で 200 以上のサービスを提供している。そのなかには AI 関連サービスや VR/AR アプリケーション、ブロックチェーン管理、ゲームのストリーミング配信、量子コンピューティングなどがある。こうしたさまざまな最新テクノロジーを AWS で利用できる。

　IT リソースを容易にハンドリングできるものメリットだ。IT リソースの追加・削除が容易に実施できる。従来の IT インフラ構築はハードウエアの発注から

図3-1-A　SBI生命保険が考えるAWSの3つの特徴

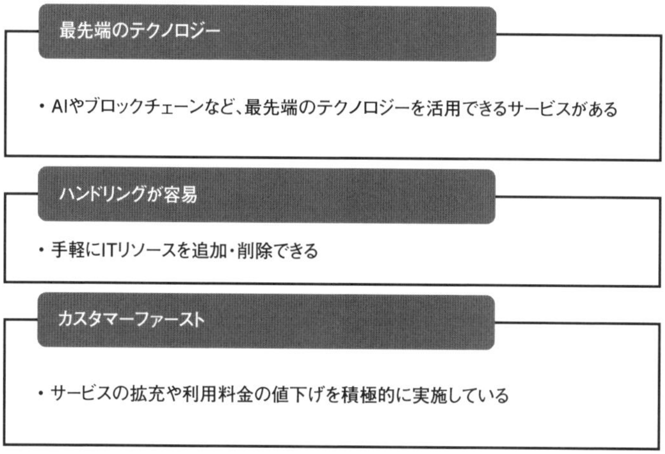

最先端のテクノロジー

・AIやブロックチェーンなど、最先端のテクノロジーを活用できるサービスがある

ハンドリングが容易

・手軽にITリソースを追加・削除できる

カスタマーファースト

・サービスの拡充や利用料金の値下げを積極的に実施している

設置までに数カ月かかり、高額な初期費用が必要だった。AWS であれば、数分の操作で IT リソースを用意することができるうえ、その利用料金は従量課金制だ。必要な分だけ支払い、確保しなければ料金は発生しない。

　カスタマーファーストの姿勢も重要だ。AWS は顧客メリットを追求する姿勢を徹底していると感じている。サービス数の拡大だけでなく、長期的な顧客支持を集めるための利用料金の積極的な値下げや顧客の要望に基づく機能のアップデートなどを頻繁に実施している。このことからも顧客の利益を最優先に考えていると言えるだろう。

3-2

特有の「プロジェクトを定義する」データの整理整頓を実施

　本格的にクラウド DWH の構築を開始したのは 2020 年 11 月である。プロジェクトは STEP1、STEP2、STEP3、STEP3.5 の大きく 4 つのステップで進めることになった（**図 3-2-1**）。細かいステップに分けたのは、大規模開発による複雑性を排除するためだ。STEP1 では、DWH 構築に向けた最初の取り組みとして、AWS やデータレイクの利用環境を構築することから始めた。いわばクラウド DWH プロジェクトの基礎工事に相当する。

図3-2-1　クラウドDWHプロジェクトの各フェーズ

STEP1
DWH基盤初期構築

1. AWS利用環境構築
2. データレイク利用環境構築

STEP2
DWH機能拡張

1. オンプレ→クラウドデータ連携基盤構築
2. クラウドETL基盤構築
3. DWH共通アクセスサービス（API Gateway）構築
4. 団信、契約データの一部を、DWH環境へ移行
5. BIツール（QuickSight）のPoC

STEP3
ユーザー部門へBIツール導入

1. クラウド環境に配置するデータの選定と連係
2. データ分析基盤の構築（分析用Aurora、Redshift、DynamoDB）
3. BIツール（QuickSight）のダッシュボード開発・導入

STEP3.5
DWH基盤の技術的拡張

1. 外部データ（BigData）連係・分析基盤の構築
2. 他社とのAPI連係
3. 外部AIエンジン・サービス（DataRobot、AmiVoiceなど）との連係や活用

基礎工事

マンション建築

引っ越し

DWH化構想全体を、新築マンション建設に例えると・・・

図3-2-2　プロジェクトを定義する

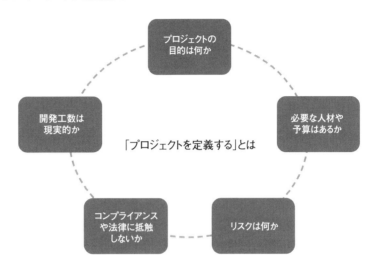

　システム開発のプロジェクトを進める際、多くの企業ではプロジェクト開始前に経営会議で精査し、その後プロジェクトの計画書を事務局に提出するという手続きが必要ではないだろうか。SBI生命保険にもこうしたオーソドックスな手続きはあるが、多くの場合は企画する段階でプロジェクトを「定義」することから始める（**図3-2-2**）。

　「プロジェクトを定義する」という表現は聞き慣れない人が多いのではなかろうか。SBI生命保険におけるプロジェクトを定義するとは、何の目的でプロジェクトを推進するのか、その目的を達成するのに必要な人材や予算を用意できているか、システム構築の工数は現実的か、プロジェクトのリスクは何か、コンプライアンスや法制面で問題はないか、といった点を十分に吟味・検討して関係者の合意形成を得たうえで、プロジェクト計画書に書くのである。手間はかかるが、プロジェクトを進める過程で関係者間で認識の食い違いを防ぐためには大切なプロセスである。

データベースの選定で対立

　STEP1では、「Amazon Simple Storage Service」（Amazon S3、以下S3）を使っ

たデータレイクを設計し、ネットワークインフラである Direct Connect を構築した。データレイクの設計では AZ と S3 のストレージクラスを慎重に選定した。構築時初期は S3 のコスト感がつかめず不安だったが、実際に運用してみるとそれほど高くない。案ずるより産むが易しである。

2021 年 5 月には設計と構築を完了したが、同 6 月に自社開発のコールセンターシステム（以下、Unite）の AWS 移行に当たってパートナーベンダーと意見の相異が発生した。データベース製品を選定する際、パートナーベンダーは慣れ親しんだオンプレミス環境の Oracle Database を希望した。一方、SBI 生命保険は AWS のクラウドデータベースである Aurora の利用を主張した。

Unite の AWS 移行はクラウド DWH プロジェクトと関連がないように感じるかもしれない。しかし後にすべてのデータを DWH にまとめて分析に利用するには、重要な作業であった。

SBI 生命保険が Aurora を推す理由は、先の話になるが Oracle Database からの脱却に向けた下準備をしたかったことと、レスポンスの低下を危惧したことだ。Oracle Database は SBI 生命保険のシステム規模ではライセンスコストの負担が大きい。そこで徐々に接続先のデータベースを Aurora に変更する計画を練っていた（図 3-2-3）。年間ランニングコストを下げつつ、将来の Oracle 環境からの脱却にかかるコストを抑えたかった。

図3-2-3　Auroraへの移行プラン

　もう1つの理由がレスポンスの問題だ。システムからデータベースを参照する際、クラウド環境からオンプレミス環境を参照すると、クラウド環境同士で参照するよりもレスポンスが低下する。前者はインターネット経由（Direct Connect）であり、後者はクラウド内の LAN 経由であるからだ。もちろん LAN 経由のほうが高速だ。

　話し合いはもつれたが、パートナーベンダーに納得してもらうことができた。ゆくゆくはオンプレミス環境のデータベースとクラウドデータベースを統合し、これから構築する DWH に移行するというプランがチャレンジングで面白いと感じてもらえたと自負している。

不要なデータは可能な限り整理整頓

　2021 年 6 月からはクラウド DWH プロジェクトにまつわる大きなプロジェクトを並行して進めることになった。それが Oracle Database Appliance の定期リプレースである。これは SBI 生命保険の前身である外資系生命保険のころから利用しているアプライアンスだった。

　Oracle Database Appliance には、これまでの開発と運用の経験からアプリケーションデータにかなりの無駄が存在することが分かっていた。新たに構築する DWH に無駄なデータが存在すると、それだけストレージ容量の増加につながる。結果としてクラウドコストが増加してしまう。

　無駄なデータが存在する根本的な理由は、SBI 生命保険の前身である外資系生命保険時代のルールが原因だ。例えば、（1）いつか使うかもと不要なテーブルを削除しない、（2）システムをリプレースしても旧システムのデータはすべて保存しておく、（3）テストを実施した際のバックアップテーブルを残しておく、といったルールである。とりわけ（3）は「XXX_BK」というバックアップテーブルや同じようなマスターテーブルがシステムごとに存在していた。さらにそれらをバッチ処理でデータを洗い替えるなどの非効率的な運用が残されていたのである。

　特別な理由なく念のために保存しておく、データのバックアップを同一のデータベースに保存するといった行為はリソースを無駄にしかねない。DWH の構築とアプライアンスのリプレースのタイミングで、使っていないデータやバックアップデータは捨てることにした。クラウド DWH を見据えての"整理整頓"である。

3-3

ユーザー部門は前向き
システム部門は不安がいっぱい

　2021年11月からSBI生命保険は「クラウドDWHプロジェクト」のSTEP2に取り掛かった。STEP2では、主にBIツールの選定とAWSの環境開発、STEP3の団体信用生命保険システムのAWSへの移行準備を実施した。

　BIツールはユーザーが自らデータを取得・分析できる製品を選ばなければならない。学習コストが低く、誰でも手軽に利用できるツールが理想的だった。2021年某日、情報システム部担当役員の筆者が「情報システム部員の作業負荷が高くなるデータ抽出をユーザー自身で実施してもらう環境を整備し、BIツールを導入しましょう」と号令を掛けた。情報システム部門がユーザーからのデータのリクエストやシステムのメンテナンスに振り回されている状況を改善したかったのだ。しかし開発を担う情報システム部員の反応は冷たいものだった。

「並行して現状の作業分析はできません」

「ユーザーにデータを開放してセキュリティーを担保できますか？」

「ユーザー部門がBIツールを使いこなせると思えません」

　一部肯定的な意見はあったものの否定的な意見が多数を占めた。情報システム部門ではDWHを構築する以外に多くのプロジェクトが走っていたため作業負荷が高かった。チャレンジしたくてもBIツールを選定するために情報収集できるような状態ではなかったのだ。

　そこで動いたのが情報システム部部長の狩野だ。実際に利用するユーザー部門にヒアリングしたのである。ヒアリングすると、大きく2つの反応があった。1つは、ユーザー部門で対応するのは面倒である。従来通り情報システム部が担当すればよいという後ろ向きな反応。もう1つはユーザー部門でデータの加工や分

図3-3-1　ユーザー部門の一部は前向きだった

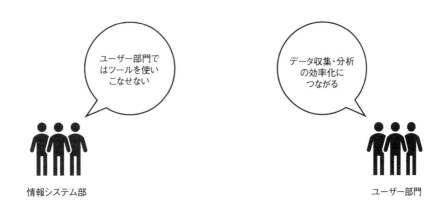

析ができればシステム部門に依頼する必要はなくなり、業務効率化が進むという前向きな反応だ。後に社内で市民データサイエンティストとして BI ツールの PoC（概念実証）に参加するマーケティング部と経営数理部の反応は特に手応えがあった（**図 3-3-1**）。

　ここにユーザー部門を巻き込んだシステム開発のヒントがあった。導入に前向きなユーザーに PoC を依頼する。将来、BI ツールを使う人が増えれば、それまで興味がない人も興味を持って使ってくれる。前向きなユーザーに BI ツールを社内に広めてもらえば、システム部門が出向いて説明する必要がなくなるというわけだ。

　ユーザー部門を巻き込んだ PoC をシステム部内で説明すると、こちらも反応は上々だった。説明などの作業負荷が軽減できたのがよかったのだろう。

QuickSightの採用を決める

　DWH が AWS の利用を前提としているため、AWS の「Amazon QuickSight」（以下、QuickSight）を BI ツールとして採用した。早速、QuickSight を用いるシステムアーキテクチャーを考案し、単純だが S3 で構築したデータレイクに対してユーザー部門が直接データを取得して分析するという構成を思い付いた（**図 3-3-2**）。これならば、情報システム部門を介さずにユーザー部門だけでデータ分

図3-3-2　従来システムとPoCを実施した直後のシステム構成

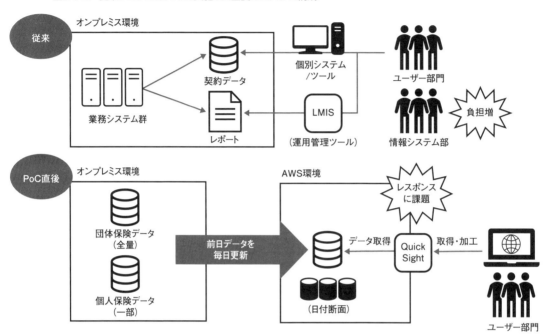

析が可能になる。

　しかし PoC を実施してみると、そう簡単な話ではなかった。想定よりもレスポンス速度が出ないのだ。S3 を使ったデータレイクにはオンプレミス環境から数TB のデータを取り込んだ。しかも構造化すらなされていない。さらに全契約データなので、そのままでは権限のないユーザーがデータを参照できてしまう。分析に使えるデータと生データを分けてアクセス権を付与するには、オンプレミス環境にも手を加えないといけない。当時の開発リソースを考慮すると、あまり現実的とは言えなかった。

　そこで考えた構成案は分析用に新たな S3 を構築することだ（**図3-3-3**）。データレイクのデータを Glue で抽出・加工して分析に利用しやすいように変換し、分析用の S3 に格納する。さらに分析用の S3 からデータを取得する際に「Amazon Athena」（以下、Athena）を利用する。Athena は S3 に格納したデータを高速にクエリーできるため、QuickSight のレスポンス速度の改善を期待できた。また

図3-3-3　STEP2におけるシステム構成

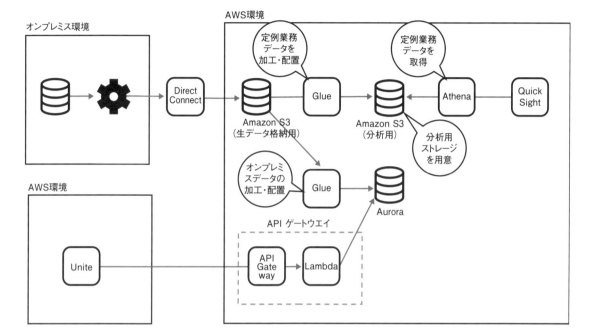

データレイクのデータを Glue で抽出する際に、分析に利用できるデータだけを取得する。こうしてユーザー部門が権限のないデータを参照するのを防ぐ。

　実際に PoC を実施したところ、レスポンスとセキュリティーの課題は解決できた。しかし当時はシステム構築に精いっぱいで、Glue や Athena の運用コストにまで気が回っていなかった。このコストが後々の課題になる。

　QuickSight の PoC では、マーケティング部や経営数理部にデータサイエンティストとして協力を依頼した。将来の QuickSight ユーザーである。PoC に参加したメンバーが実際に実施した PoC の評価項目を示す（**図 3-3-4**）。業務効率化が中心だ。依頼した当初は通常業務に加えての作業になるため、断られるかと思っていた。しかし情報システム部門の取り組みを歓迎してくれた。こうした他部門からの協力と後押しは、とても励みになった。

図3-3-4　PoCにおけるBIツールの評価項目

学習しやすさ （Learnability）	効率性（Efficiency）	エラー（Errors）	満足度（Satisfaction）
A：迅速に習得が可能	A：多彩な分析方法を選択できる	A：デバッグで検知が容易であり、意図しない破損がない	A：誰でも容易に楽しくさまざまな分析表現が可能
B：時間を要すれば習得が可能	B：ある程度の分析が可能	B：エラーは発生するが解消できる	B：人やアプリの完成度によるがさまざまな分析表現が可能
C：習得まで多大な時間を要する	C：限定的で無駄を要する	C：致命的エラーが頻発しやすい	C：一部のユーザーが満足する

バッチ処理のコストが増加

　PoC は無事に終了したものの、バッチ処理の実装が新たな課題になった。S3 にデータを格納したり、分析用の S3 に日時でデータを格納したりするにはバッチ処理が適していた。このバッチ処理のコスト増が課題になったのだ。

　金融機関では一般にバッチ処理を前提としたジョブコントロールを実施する。日立製作所が開発する「JP1」やユニリタが開発する「A-AUTO」などの統合運用管理ツールでバッチジョブをコントロールしている企業も少なくないだろう。運用管理ツールを利用すれば、システムの安定稼働につながる。

　SBI 生命保険はオンプレミス環境で A-AUTO を利用していた。そこで AWS 環境でも A-AUTO を引き続き採用することを考えたが、残念ながら 2024 年 2 月中旬時点で A-AUTO は AWS 内のジョブをコントロールできる機能がない。そこで AWS 環境でも利用できる JP1 の導入を検討した。

　しかし JP1 のコストがネックになり、AWS の「AWS Step Functions」（以下、Step Functions）の採用に踏み切った（**2-10 を参照**）。ただし Step Functions にたどり着くまでは大変だった。AWS にはジョブコントロールを実現できるさまざまなサービスがあるからだ。例えば「AWS Step Functions」や「AWS Batch」、「Amazon MWAA（Amazon Managed Workflow for Apache Airflow）」などを利用する方法だ（**図 3-3-5**）。情報システム部内で議論した結果、最終的に

図3-3-5　バッチ処理の実現に向けてさまざまなサービスを検討した

は個々のワークフローがべき等性を保証していることと、何よりもコストが安いことを考慮して Step Functions の採用を決めた。

　ただし SBI 生命保険の選択が必ずしも正解とは限らない。安定的な運用処理が必要な場合は、学習コストが低く、習熟したエンジニアが多い JP1 などが候補になるだろう。Step Functions は並列処理が入れ子になるといった処理では、フロー全体が複雑化しやすい。可読性に改善の余地がある印象だ。これはメンテナンスにも影響するため、今後の課題である。

図3-3-6　レガシーシステムの開発ルール

対象	ルール
テーブルカラム追加	本当に必要な機能のみ作成する
新規テーブルや新規マスター	原則作成しない
拡張性考慮（例：API 化）	無駄なインターフェースを作成しない

レガシーシステムとの並行開発に

　2022 年秋には、販売を開始した個人保険の新商品開発プロジェクトがクラウド DWH プロジェクトと同時に走ることになった。個人保険の開発プロジェクトは、SBI 生命保険の前身である外資系生命保険のレガシーシステムを改修しなければならない。レガシーシステム開発の部員と DWH 開発の部員で開発手法をめぐってトラブルが予想された。レガシーシステムを開発するエンジニアはこれまで積み重ねてきた開発手法がある。一方、クラウド DWH プロジェクトのエンジニアはクラウド利用を前提とした開発手法がメインだ。

　「今後はクラウド利用がシステム開発の中心となる」。筆者は DWH 構築を前提としてレガシーシステムの開発ルールを決めた（**図 3-3-6**）。とりわけ新規テーブルや新規マスターのルールは、DWH のコーポレートマスターを構築する前提条件であり、拡張性考慮のルールは API Gateway の前提条件になるため譲れなかった。そして、（1）今までのやり方にとらわれない、（2）本当に必要なユーザー要望は何かをしっかり聞く、（3）必要な機能は実装するがユーザーの要望を言われるがまま実装しない、という決まりごとを作成した。

　加えて開発プロセスを複数のステージに分割し、一定の要件がクリアできていなければ次のステージに進めない「ステージゲート法」を後日導入した（**図 3-3-7**）。理由は不必要な機能や重複したデータを作らない、といったルールが守られているかを確認するためだ。

　おそらく情報システム部内でもルールに従いたくない部員はいるだろう。実際

図3-3-7　導入したステージゲート法のイメージ

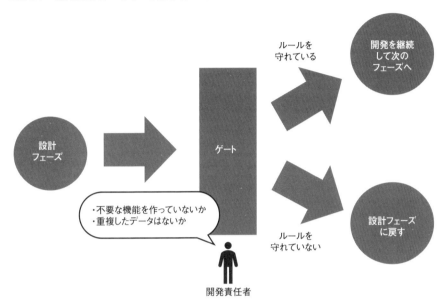

に、「ユーザーの要望を実現するのが難しくなる」「従来の開発手法が通用しなくなる」といった声はあった。

　ただしクラウド環境の利用を見据えて前向きにチャレンジしたいというエンジニアが多かったのも事実だ。「今までのやり方にとらわれていては新しいシステム開発はできない」という部員もいたのは心強かった。

　筆者はこうしたチャレンジ精神があるエンジニアを後押ししていきたい。これからの情報システム部は、社内の下請けのような振る舞いはやめるべきだと考えている。情報システム部は単にサポートするという立場だけにとどまらず、DXに関わる全社ルールを決めたり、新しいアプリケーションやシステムを積極的に導入したりしなければならない。ユーザー部門と一体となってDXを推進する旗振り役となるべきなのだ。

3-4

生保業界で注目のDWH構築
アジャイル開発に初挑戦

　クラウド DWH プロジェクトの STEP3 は、2022 年 6 月から始まった。STEP3 では、QuickSight を実装し、ユーザーが QuickSight の使い勝手を検証することになっていた。しかし必要なアーキテクチャーなどの技術的な要件は固まったものの、プロジェクトの具体的なアプローチを決めかねていた。生命保険業界でクラウド DWH を開発している事例を見つけられなかった。そのためプロジェクトの進め方が想像できなかったのである。

　事例がないからと諦めては成長できない。SBI 生命保険はトライアル・アンド・エラーを繰り返しながらシステム開発する道を選択した。ただし従来のウオーターフォール開発では、トライアル・アンド・エラーによって手戻りが発生してしまい前に開発が遅々として進まない可能性がある。そこでアジャイルのアプ

図3-4-1　アジャイルとウオーターフォールの違い

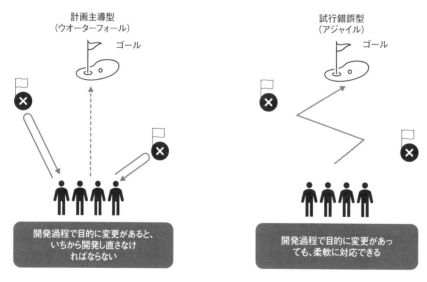

出所：日経クロステック

ローチを採用することにした。1週間から数カ月程度の短期間でリリースを繰り返し、徐々にシステムを完成させていく。ウオーターフォールと比べて、変更に柔軟に対応できると判断した（図 3-4-1）。

　懸念点がなかったわけではない。そもそも SBI 生命保険の情報システム部はアジャイル開発の経験が乏しかった。経験が少ない開発手法を採用すれば、当然現場の反発を招く。社内説明会でアジャイルのアプローチを説明すると、エンジニアから「アジャイルは知っていますが、できる自信はありません」といった声を多く聞いた。

　新しいチャレンジにはリスクが伴うのは当然だ。革新的なイノベーションを生み出すには、失敗が付きものである。アジャイル型のアプローチは失敗や仕様の変更をある程度許容しつつ、プロジェクトの規模や複雑性のリスクを抑えられる。しかもスピーディーな対応が可能なのだ。ただチャレンジしたくない社員が少なからずいることは残念だった。新しいアプローチにチャレンジすることは、必ず IT 技術者としての成長につながるはずだと筆者は信じている。

図3-4-2　5つに分けてそれぞれのチームにリーダーを配置

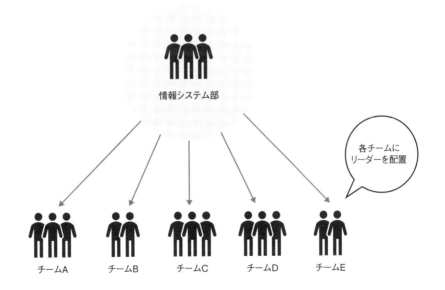

情報システム部

各チームに
リーダーを配置

チームA　　チームB　　チームC　　チームD　　チームE

図3-4-3　5回のスプリントスケジュール

2022年6月				7月				8月				9月				10月				11月			
1w	2w	3w	4w	1w	2w	3w	4w	1w	2w	3w	4w	1w	2w	3w	4w	1w	2w	3w	4w	1w	2w	3w	4w

1st スプリント　　　　　　**2nd スプリント**　　　　　　**3rd スプリント**

計画　QuickSight要件定義　振り返り　　計画　QuickSight開発・検証　振り返り　　計画　QuickSight開発・検証　振り返り

[準備など]
・1stスプリント計画
・1stスプリント振り返り

[QuickSight開発]
・要件定義 ※全部門

[基盤構築]
・基盤初期構築

[準備など]
・2ndスプリント計画
・2ndスプリント振り返り

[QuickSight開発・検証]

[準備など]
・3rdスプリント計画
・3rdスプリント振り返り

[QuickSight開発・検証]

※基盤構築作業の方針 初期基盤構築は1stスプリントに完了させ、2ndスプリント以降は各部門ごとのQS開発に必要な部分を順次アップデートしていく

2022年12月				2023年1月				2月				3月			
1w	2w	3w	4w	1w	2w	3w	4w	1w	2w	3w	4w	1w	2w	3w	4w

4th スプリント　　　　　　**5th スプリント**

計画　QuickSight開発・検証　振り返り　　計画　QuickSight開発・検証　振り返り

[準備など]
4thスプリント計画
4thスプリント振り返り

[QuickSight開発・検証]
01 要件の再確認
02 設計
03 QS開発
04 検証（テスト）

[準備など]
5thスプリント計画
5thスプリント振り返り

[QuickSight開発・検証]
01 要件の再確認
02 設計
03 QS開発
04 検証（テスト）

　前例のないシステムを開発するのにウオーターフォールを採用すれば、手戻りのリスクが高くなる。どうしてもアジャイルのアプローチを取り入れたかった筆者は対策を講じた。「スクワッド」「トライブ」「チャプター」といったロールを置くような、きっちりとしたアジャイル組織を諦める。そして単純に情報システム部を5つのチームに分け、それぞれのチームにリーダーを置くというシンプルな開発体制を採用した（図3-4-2）。もともと社内エンジニアは多くない。細かくロールを分けると兼任者が増え、業務の兼任によって生産性が下がると判断したのだ。

　またスプリントの期間も長めに取った。ウオーターフォール開発に慣れていた現場を劇的に変更するよりは、徐々にアジャイルのアプローチに移行できたほうが生産性の向上が見込めると思ったからだ。1スプリントを2カ月に設定し、10カ月で5回のスプリントを実施することにした（図3-4-3）。

マスキングのコスト課題を解決

　アジャイルのアプローチは想定していた以上の効果があった。QuickSight の開発は順調に進み、QuickSight の利用者となる18のユーザー部門の人材がスプリントに積極的に参加してくれた。

　一方、当初から想定していたことだが、セキュリティー対策が急務となった。社内のあらゆる部門が DWH からデータを収集・分析できるようになると、場所や端末を選ばず社内データにアクセスできる。これは重大なセキュリティーリスクになる可能性があった。外部からの攻撃だけでなく、内部から情報を持ち出してしまうリスクも高まるからだ。

　SBI 生命保険が取り組んだのがデータのマスキングだ（**2-11 を参照**）。2つのデータベースを構築し、業務に利用するデータベースと分析に利用するデータベースに分けた。分析用のデータベースにはマスキングされたデータが格納されているため、セキュリティーリスクを低減できる（**図3-4-4**）。

　ただしマスキングの実施でコストが課題になった。当初は「AWS Glue」（以下、Glue）でマスキング処理を実施しようとしたが、筆者の想定以上のコストが必要だった。コスト課題をインサイトテクノロジーのマスキングツール「Insight Data Masking」（以下、IDM）を導入して解決したが、IDM にたどり着いたのは偶然

図3-4-4　ユーザーはマスキングしたデータにアクセス

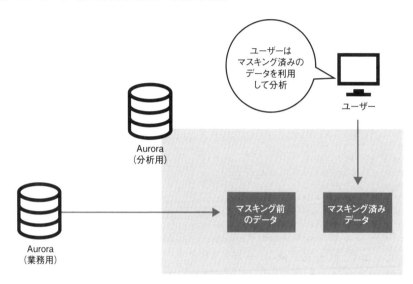

だったといえる。

　もともとSBI生命保険では、インサイトテクノロジー製の監査ツール「PISO」を利用していた。金融保険業は監査に向けて膨大なログや資料を用意しなければならない。こうした処理にPISOが有効だった。インサイトテクノロジーのホームページには、Insight Data Maskingが紹介されており、「Amazon EC2」（以下、EC2）に対応していることが分かった。AWSとの親和性を重視していたSBI生命保険にとってはまさに渡りに船のツールだったのだ。

SBI生命保険が実施する4つの統制

　SBI生命保険は、データの民主化に欠かせないセキュリティー対策に力を入れている。具体的には、クラウド環境を安心・安全に利用するために4つの統制を意識することにした（**図3-4-5**）。SBI生命保険では、これらを基にコンプライアンス部と共同で社内ガイドラインやルール作りを実施している。

　予防的統制はセキュリティーリスクの発生を未然に防ぐことだ。操作できるユーザーや操作内容、操作条件をシステムで統制する。指示的統制は、ユーザー

図3-4-5　クラウド利用に当たっての統制のポイント

統制の名前	概要
予防的統制	不正な操作を実施させないテクニカルな仕組み
指示的統制	ガイドラインやマニュアルを整備する
発見的統制	クラウドの利用状況をモニタリングし、不正な操作を検知する仕組み
訂正的統制	検知した内容を元に戻す仕組み

の権限ごとにSBI生命保険のルールに沿ってチェックリストやガイドラインで確認することにした。発見的統制や訂正的統制の対応は、必要十分な統制とユーザーの要望とのバランスを考慮して継続して整備するのがポイントだ。過度な統制は使い勝手を損なう。統制の整備と使い勝手はトレードオフの関係だ。

3-5

円安でコストが課題に
救世主となったLambda

　STEP3 ではユーザー部門が QuickSight を使ってデータを安全に取得・分析できる体制を整えつつ、2022 年 4 月から DWH 構築を本格的に開始した。

　DWH 構築の最も重要な作業が、格納するデータの選定だ。個別システムに点在するデータを何も考えずに格納してしまうと、重複するデータで膨らんだ DWH を構築してしまう。当然、DWH の容量は増え、それだけストレージコストが必要になる。

　課題解決は難しかった。SBI 生命保険には歴史的な経緯から、オンプレミス環境にさまざまなシステムが点在する。しかも改修を繰り返しているため、データベースに格納しているコードが統一されていないこともあった。分かりやすく例えるならある時期に開発したデータベースは、コード 1 が「りんご」だったのに

図3-5-1　各システムで個別のテーブルを維持していた

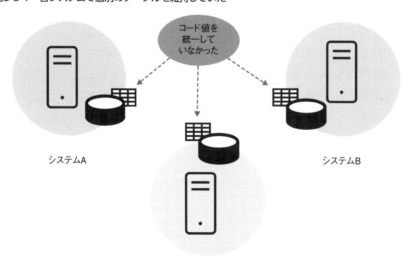

対して、別のデータベースではコード1が「みかん」になっているといった具合だ。各システムがばらつきのあるコードを採用していたため、複数のデータベースが同じようなデータを保持しなければならなかった（図3-5-1）。

　対応について情報システム部内で議論したが意見は分かれた。各システムのデータをDWHに格納する際に変換するといった方法も提案された。しかし「根本的に解決しなければ今後のシステム開発にも支障を来す」と考えた筆者は、最終的に最も面倒だが確実な方法を採用した。それが個別システムで利用している全テーブル一覧と、そのデータの内容をすべて整理することだ。

　気の遠くなるような地道な作業になることは分かっていた。各システムのデータベースには約3800のテーブルが存在した。これらすべてを整理して新たなコードに統一しなければならないからだ。

「悩んだら捨てる」でテーブル数を削減

　作業は図3-5-2の手順で実施した。初めに各システムが保持するテーブルの一覧を作成する。その後、各システムのテーブルを精査し、社内のコーポレートマスターに合わせて共通マスターを作成した。

　いざ作業に着手すると、いろいろな問題が生じた。その1つが旧コード体系と最新コード体系が混在して運用されていたことだ。そこでやや面倒になるが、旧コード体系のテーブルをDWHに登録する際、新コード体系に変換することにした。こうしておけばユーザーは最新のコード体系に基づき、データを取得・分析できるようになる。

　ところが旧コード体系から新コード体系への変換も大変だった。作業に取り掛かったところ、「設計書が古い」という事態に遭遇したのだ。設計書が古い場合、実際のコード値は最新のものになっているかもしれない。古い設計書を基に変換処理を実装しても正しく変換できないだろう。ソースコードを参照しながら変換処理を実装したが、ソースコードにはないコード値の存在が判明。結局、地道に過去の資料を調べたり、経験が長いメンバーにヒアリングしたりして何とか変換処理の仕様を固めた。

　作業を担当したのは「COBOL技術者上がりでAWSの知識はありません。適任ではないのでプロジェクトから外してください」と何度も懇願してきたサポー

図3-5-2　テーブルを整理する手順

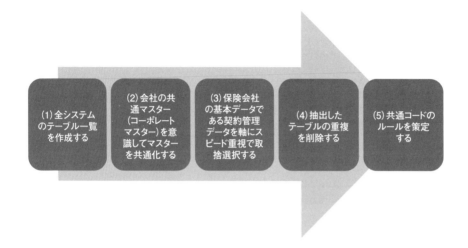

トベンダーのエンジニアだ。調査するテーブル数が多く、短い期間で実施なければならないため、大変苦労しただろう。しかし当該エンジニアの頑張りによって、重複しているテーブルにある規則性を見いだす。これが重複テーブルを削減する第一歩となった。

　ただテーブルを削除するのは簡単ではない。必要なテーブルを削除してしまうと、システムが動かなくなることさえある。「いつか使うかもしれないので残しておこう」と考えるのは当たり前だ。しかし筆者は「悩んだら捨てる」を実践した。必要なら後で作成すればいいという考えだ。

　結果、約 3800 のテーブルを約 960 にまで削減することに成功した。もちろん必要なのに削除してしまったテーブルもある。だが、再度作成したテーブルは 5 つにとどめることができた。

Redshiftを導入するもコスト高に

　テーブルの選定と同時に実施したのが、QuickSight の処理レスポンスの改善とETL（抽出／変換／ロード）処理の実装である。SBI 生命保険では、マスキングを施してセキュリティーを担保するため、分析用の Aurora を構築することにし

た。しかし QuickSight のレスポンス速度が遅くなる懸念があった。

　情報システム部は「せっかく QuickSight を使ってくれたユーザーをイライラさせることは避けたい」と強く思っていた。QuickSight で分析したものの、結果がすぐに表示されなければユーザーは徐々に離れていくだろう。先行ユーザーが使って悪い評判が広がれば、社内に広めるなどできるはずもない。少しでもレスポンス速度を高めなければならない——。こう感じた筆者はデータマートで事前集計することを提案した。

　ただし不安がなかったわけではない。データマートを作成すると開発コストが増える。さらに必要なデータマートのみを作成できなければ、データマートは乱立し管理コストの課題が生じる。またデータを短時間で処理・分析できる Redshift を導入すべきか、またはビッグデータの分析を考慮して「Amazon EMR」を導入すべきか判断が付かなかった。

　前例のないプロジェクトなので、いつも通り PoC を始めた。まずは教科書通りに Redshift にデータを入れて抽出した。レスポンス速度に問題なさそうだ。これならば QuickSight を使うユーザー部門も満足してくれると思ったそのとき、驚くべき事態に陥る。想定していたよりも料金が高いのである。データマートが少ないうちは問題にならないが、QuickSight のユーザー数が増えてデータマートの数も増加すれば、コストはばかにならない。困り果てた筆者は情報システム部部長の狩野に相談した。狩野からは心強い返事が返ってきた。「Redshift に格納するデータを抑えて、データを処理する方法を試してみます」という（**2-5 を参照**）。

　具体的には Redshift の「Federated Query」を活用して Aurora のデータにクエリーをかける。ストレージコストが割高な Redshift になるべくデータを格納しない施策である。ただしサポートベンダーの AWS エキスパートエンジニアからの反応は冷ややかだった。「データを格納せず複雑なレポート分析はできません。AWS の他サービスとの連係にも影響あると思います」と一歩も引かない。

　すると、狩野は「まずやってみましょう。『できない』は『できる』です」という。この後も何度か聞く言葉だが、何事もできないと決めつけず、解決策を見つけるための手間を惜しまないでほしいということだろう。前例のないプロジェクトだからこそ、さまざまなことに挑戦してほしい。こう考えている筆者は、不

図3-5-3　Redshiftを活用した際のコスト比較

実験パターン	QuickSight の表示レスポンス（秒）	コスト（米ドル）※
QuickSight → Redshift → Federated Query → Amazon Aurora（標準 SQL）	25	13.17
QuickSight → Redshift → Federated Query → Amazon Aurora（標準 SQL/チューニング後）	17	13.17
QuickSight → Redshift → Federated Query → Amazon Aurora（View）	4	13.17
Amazon S3 → コピー → Redshift + QuickSight → Redshift	5	170.43
QuickSight → Amazon Aurora	4	-

※コスト算出条件
・1 日 10 リクエストの 20 営業日の月額換算
・実データのデータ連携がある場合はデータ連携とデータ格納料金を加える
・QuickSight や Aurora の使用料金は除く

確実だが狩野が提案する Federated Query を活用する手法を採用した。

　PoC の結果を**図 3-5-3** に示す。当初は分析に必要なデータを S3 から Redshift にコピーして、QuickSight で収集・分析しようと考えていた。しかし Redshift に多くのデータを格納するため、ストレージコストが高くなっていた。Redshift に格納するデータを節約し、Federated Query によるクエリーを実施することで、レスポンス速度を落とすことなくコスト削減が実現できた。ちなみにデータベースサービス間でシームレスにデータを連携する「ゼロ ETL」は自動で Redshift にデータを格納するため、採用を見送ることになった。

Lambdaは安い

　ETL 処理もコストが課題になった。Glue を使って ETL 処理を実施していたが、2022 年 10 月に 1 米ドルが 150 円を突破。2022 年 10 月の AWS からの請求書は、1 米ドルが 151 円だった。DWH 構築に伴い、テーブルを約 960 に削減したが、それでも DWH では最大 1 日 7000 万件のデータを処理するためコストはかかる。急激な円安もあり、AWS の運用費が跳ね上がってしまったのだ。

　AWS Budgets を確認すると、Glue と Aurora のコストが想定以上に高いことが判明した。SBI 生命保険は AWS の各種サービスを教科書通りにオーソドックスな構成で使っていた。多くの AWS ユーザーは、円安によって同じようなコストの課題を抱えていたはずだ。

　しかし、調べてみてもコストを削減する記事や書籍は見つからなかった。そこで利用している AWS の各種サービスやリソースを見直すとともに Glue と Aurora の機能と課金体系をあらためて調査した。

　筆者が導き出した答えは、FaaS（ファンクション・アズ・ア・サービス）基盤である「AWS Lambda」（以下、Lambda）の活用だ。Glue を Lambda に置き換えるアイデアを情報システム部員に説明をすると、Lambda ファンクションの最大 15 分という処理時間の制約について意見が出た。

「テーブルは削減しましたが 15 分間で 7000 万件のデータを処理できるかな」

「Glue から Lambda への置き換えは聞いたことありませんね」

　だが、試行錯誤重ねていた一部エンジニアには勝算があった。ETL 処理を分割して Lambda ファンクションで実行する。複数の Lambda ファンクションを非同期処理で動かせば、7000 万件のデータを処理できるのではないかと考えていた。イベントの制御は Step Functions を利用し、処理の後回しや並列分散処理は Amazon SQS を利用する。詳しくは **2-2** と **2-3** を参照してほしい。

　Lambda ファンクションで ETL 処理は実施できたが、レスポンス速度には最後まで悩まされた。しかし意外な方法で解決する。Aurora のコピーコマンドでクローンを作成し、並列処理によってレスポンス速度を向上できたのだ。こうして Glue の処理を Lambda ファンクションに置き換えられた。

　しかも最終的には、Glue で処理するよりもレスポンスが速くなるというメリットを得られたのだ。

Auroraは運用方法を変更

　Glue から Lambda ファンクションに置き換えることで、ETL 処理はコスト削

図3-5-4　SBI生命保険が構築したDWHのシステム構成

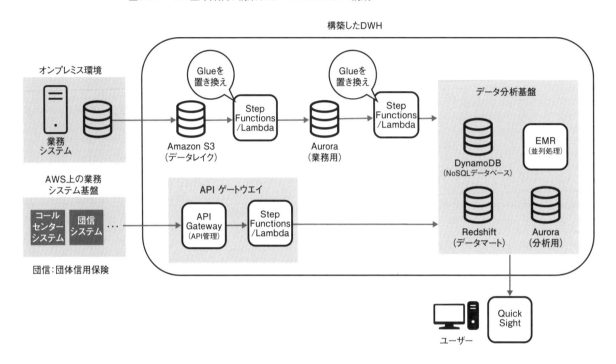

減を達成できた。一方、Aurora のコストは Glue のように劇的な削減方法が見当たらなかった。そこで利用状況を精査すると、ポイントが浮かび上がってきた。

　開発環境やテスト環境で利用している Aurora のコスト増である。AWS からの請求書を見ると、テストを実施していない期間も Aurora のコストがかかっていた。ここは筆者の反省すべきところだった。データベースは動いて当たり前と考えていたのだ。オンプレミス環境のデータベースに慣れていたため、常に動いているのが当たり前だと思ってしまった。

　そこでコスト削減のため「利用していない間はサービスを止める」という施策を実施した（**2-6 を参照**）。まずは開発環境とテスト環境を利用しない時間帯である「毎日 21:00 ～ 7:00」までいったん停止させて様子を見ることにした。

　翌月は見事に請求金額が下がっていた。現在は利用時のみの事前連絡とし、原則、24 時間停止としているが、運用で問題は生じていない。Aurora のサービス

を常時利用する場合と比較すると、その料金は約 6 割程度になっている。

　こうして第 2 章で紹介した数々のコスト削減策を導入し、無事にクラウド DWH プロジェクトの STEP3 は終了した（**図 3-5-4**）。あとは QuickSight をユーザーに開放して使い勝手を改善する予定だったが、話はそう簡単ではなかった。再びコスト増に悩まされることになる。

3-6

データの民主化を達成後 DWHを活用した業務改革へ

　QuickSight 導入後、社内のデータ民主化は確実に進んでいる。利用開始直後に実施したアンケート調査では全社員のほぼ半分の 48％が利用し、その中で満足していると回答した社員は 62％と高い割合になっている（**図 3-6-1**）。

　実は QuickSight の導入時、社内の反応は決して協力的とは言えなかった。「何か面倒なことをやらされるのかな」と警戒されていたのだろう。ところがトレーニングプログラムを通して社員の意識に少なからず変化したように感じた。QuickSight を業務で活用する話題を社内で聞くようになったのもこの頃だ。

　「馬を水飲み場へ連れて行くことはできても水を飲ませることはできない」といったことわざを思い出す。QuickSight を活用する目的を説き、システム的な環境やトレーニングプログラムを準備することが「水飲み場へ連れて行く」だとすれば、「水を飲む」は社員が自ら意欲を持ち、主体的に QuickSight を使って分析して業務に役立てることだろう。無理やり水飲み場へ連れて行くほど、飲むこ

図3-6-1　QuickSight利用者へのアンケート結果。導入直後としては想定を上回る評価であり、今後も改善を続けていく

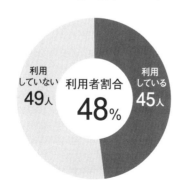

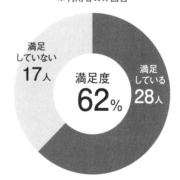

とを拒否するだろう。「水を飲んでほしい」と思ったら、相手に飲みたいという気持ち、つまり「渇き」を感じてもらう必要があるのだ。

　QuickSight 導入によってデータの民主化は進んだ。その一方、運用にかかるコストが課題になった。QuickSight はアカウントさえ作成すれば、すぐに利用を開始できる。しかもアカウントごとに月額の最大値は決まっており、いくら使っても「最大値までの支払いで済む」と油断していた。

　実際には、Cost Explorer で定期的に分析すると、QuickSight のコストがAWS の利用料金内訳の中で EC2 や Aurora、Glue とともに常に上位に入っていた。原因を調査したところ、QuickSight のユーザー数が利用開始当初と比較し約 16 倍に増加し、その分のコストが増えていたのだ。

　ユーザー数が増えればコストが増加するのも当たり前だ。ただし 16 倍に増えたユーザー全員が実際に QuickSight を使っているわけではなかった。アカウントは常に利用しているという思い込みにより退職や人事異動が発生する以外では「利用していない人のアカウントを削除や停止する」という運用を考えられていなかった。そこで実際に使っていないユーザーを把握し、面倒くさがらずに随時アカウントを削除する運用にした。単純に無駄を省く運用に切り替えただけだが、これも立派なコスト削減である（**2-12 を参照**）。

過去に挫折したプロジェクト

　クラウド DWH プロジェクトは STEP3.5 の最終章を迎えた。STEP3.5 では、DWH を各種マネージドサービスや AI エンジンなどと連係するフェーズだ。

　筆者は構築した DWH を用いて、コールセンターのサービス向上や業務効率化を目指していた（**図 3-6-2**）。デジタル技術を活用して社内業務を効率化する「インテリジェントオペレーション」を実現しようとしたのだ。具体的なサービス向上策は、顧客との対話データを DWH に転送し、BI ツールによってログを分析する。結果から顧客の興味や関心、苦情などを分析して、高度な顧客対応を実現する。こうしたデータは業務プロセスの改善やマーケティングにも役立てられる。

　業務効率化は自動 FAQ 生成機能や AI オペレーターの開発を考えていた。自動 FAQ 生成はコールセンターのオペレーターが利用する機能だ。顧客の質問内容をオペレーターが入力するとシステムが社内データベースから検索し、回答を

図3-6-2　DWHをコールセンター業務の改善に役立てる

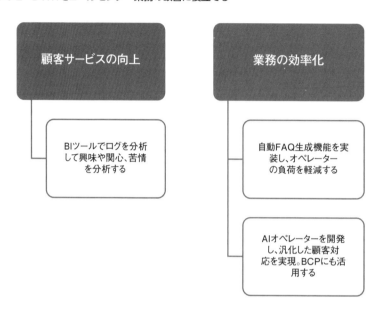

参考情報などと合わせて表示する。例えば顧客から「保険料の控除証明書の再発行はできますか」といった問い合わせがあった場合、オペレーターが顧客の質問内容を入力して即座に回答を提示する。これはオペレーターの負担削減につながるだろう。

　AIオペレーターは顧客との対話を自動的に実施できるシステムだ。大規模言語モデル（LLM）を用いて自然な日本語の発話による顧客対応を実施する。コールセンターで収集した要望や苦情を収集・蓄積してサービス向上に役立てる取り組みは、業種や業界を問わず実施されている。ただ顧客の置かれている状況はさまざまであり、オペレーターによっても質問内容への対応は異なる。AIオペレーターならば、こうした人による揺れや揺らぎを回避できる。さらにオペレーターが自然災害などで業務に当たれない場合にも業務を継続できる。いわばBCP（事業継続計画）にも有効だと考えていた。

　実はSBI生命保険がインテリジェントオペレーションに挑んだのは、これが初めてではない。2022年4月、AWSで運用するコールセンターシステムを自社開

発した際、音声案内を用いた顧客サービスを企画していた。AIオペレーターが自然な発話で電話応対するシステムである。応対内容からAIが必要な手続き内容を判断して、手続きが必要な処理が発生すれば、システムに処理を実施させる。

　残念ながら当時はクラウドDWHプロジェクトが走っており、工数や予算の関係から実装を見送った経緯があった。特に保険約款やFAQの内容、販売時のパンフレットなどが構造化できておらず、AIオペレーターがデータを瞬時に探し出して適切に対応するには、ハードルが高かったのである。

　しかしクラウドDWHプロジェクトによってデータの構造化は進んだ。さらに2022年当時にはなかったサービスも登場している。筆者はインテリジェントオペレーションに取り組める環境が整ったと判断したのだ。

Amazon Kendraにたどり着く

　再びインテリジェントオペレーションに挑戦することを決意した筆者は、情報システム部部長の狩野に相談した。「自動FAQ生成にもう一度チャレンジしたい。あらためて自社開発を前提として期間とコストを見積もってほしい」と伝えた。このときの狩野は「分かりました」と答えたが、不安そうだった。チャレンジ精神旺盛な狩野も構築するシステムの難しさが分かっていたのだろう。

　自動FAQ生成機能はオペレーターの検索文から意図や目的を読み取り、社内データベースから適切なデータを取得しなければならない。一般的な全文検索アルゴリズムに加えて、セマンティックサーチ（意味検索）が必要になる。セマンティックサーチは通常の単語の一致数などでテキストを抽出するだけでなく、「言葉の意味」で検索する。例えば「SBI生命保険の住所」と検索して「SBI生命保険の所在地」と書かれている文章をヒットさせるには、検索文章の意味をシステムが理解していなければならない。この機能は自然言語処理による文章の類似検索で実装できるが、自社で全文検索アルゴリズムに加えてセマンティックサーチのアルゴリズムを構築しなければならない。狩野が難色を示すのも無理はなかった。

　ところがAWSの新サービスが登場したことで、自動FAQ生成機能の実装は大きく進むことになる。2023年2月、AWSの東京リージョンで自然言語検索サービスである「Amazon Kendra」（以下、Kendra）の提供が開始されたのだ。Kendraは、構造化テキストや非構造化テキストを検索対象とした意味検索を備

図3-6-3　構築した自動FAQ生成機能の概要

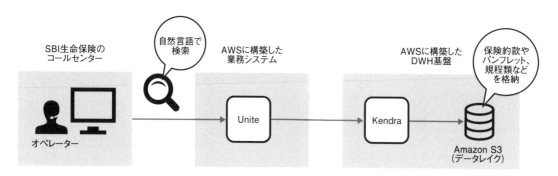

えた全文検索サービスだ。自然言語処理（NLP）と機械学習（ML）を用いて、ユーザーの検索クエリーを理解し、関連性の高い結果を返したり、ユーザーの検索履歴を分析して検索結果を向上させたりできる。企業の全文検索システムの構築に最適なサービスだ。

　SBI生命保険で検討した結果、コールセンターのオペレーターのセルフボットとしてKendraを使うことにした（**図3-6-3**）。オペレーターはセルフボットに対して、検索したい内容を直感的な言葉で入力する。例えば「保険証券の再発行手続きについて教えてください」という直感的なクエリーでも検索可能だ。一般的な検索エンジンでは、こうした口語調のクエリーに対して検索は難しい。

　オペレーターはセルフボットを使うことで、顧客の問い合わせに対応した資料などをすばやく見つけられる。顧客とのやり取りがスムーズになり、対応時間を短縮できる。またオペレーターの教育時間を短縮することにもつながる。

わずか2カ月で完成

　Kendraの導入を決めたが不安もあった。1つめは、先行事例がないことだ。自社で検索エンジンを実装する場合は、「Amazon OpenSearch Service」（以下、OpenSearch Service）などを利用して内製開発するのが一般的だった。しかもKendraは東京リージョンで開始されたばかりのサービスだったので先行事例がないのも無理はなかった。しかもOpenSearch ServiceよりもKendraのほうが割高なサービスだった。

　しかしこれらの条件にもかかわらず Kendra を採用した。まずコストの課題だが、表面的には OpenSearch Service のほうが安いが、開発・運用・保守というサービス開始後までの全体的な工程を考慮すると、Kendra のほうが割安になるという試算が出た。FAQ の作成や更新、セマンティックサーチの開発などを自社のエンジニアで実施すると、開発が長期間になる。内製なので恒常的に運用・保守のコストも発生する。Kendra であれば、これらのコストを抑えやすい。

　Kendra を利用する以前も SBI 生命保険は前例のないコスト削減に取り組んできた。こうしたコスト削減の積み重ねによって社内でノウハウが蓄積し、Kendra のコストも削減できるという自信もあった。実際にシステムはわずか 2 カ月で完成し、コスト削減にも成功した。

　Kendra の利用を検討する際は、開発・運用・インデックス作成、更新のコストを意識するといいだろう（**2-9 を参照**）。Kendra は OpenSearch Service に比べて一見すると高いが、開発・運用のコストを加味すると、安価である。試算したところ、OpenSearch Service に比べて全文検索機能の開発・運用のコストは約 44％削減でき、FAQ 機能の開発・運用コストは約 32％削減できた。

おわりに

　本書を執筆するに当たり、取引先のパートナー企業の皆さまから多大なサポートをいただきました。特にアミフィアブル株式会社の河村隆一氏、株式会社ピー・エム・シーの立蔵芳幸氏、株式会社キャピタル・アセット・プランニングの里見努氏、株式会社コムコシステムの時田栄次氏、株式会社ミックの細川謙三氏の皆さまには、ひとかたならぬご厚情を賜り、感謝を申し上げます。また慣れない執筆作業で不安と焦りを感じながらも何とか出版までこぎ着けられたのは、株式会社日経BPの中山秀夫氏、安藤正芳氏の両氏からのアドバイスのおかげです。ありがとうございました。

　末筆ながら本書の執筆過程で関わった、SBI生命保険株式会社の神田淳子氏、長田淳氏、阿部貴紀氏、アミフィアブル株式会社の野村尚新氏、小林雅樹氏、ESK株式会社の萩谷祥太氏、中村誠紀氏、小田航大氏、株式会社キャピタル・アセット・プランニングの船津翔太氏、鍋谷英憲氏、株式会社ピー・エム・シーの高橋功治氏の皆さまに感謝いたします。本当にありがとうございました。

池山　徹

著者紹介

■池山 徹（いけやま とおる）

複数の外資系生損保でシステム構築やオペレーション、マーケティング、商品開発など幅広い領域に従事。現在、SBI 生命保険株式会社の取締役兼執行役員として IT・デジタル部門を統括する。生成 AI などのデジタルを駆使した変革や新たなビジネスモデルの構築に取り組む。SBI インシュアランスグループ・CTO（最高技術責任者）を兼務。第 3 章の執筆を担当。

■狩野 泰隆（かのう やすたか）

大手システムインテグレーターを経て、SBI 生命保険株式会社の情報システム部部長としてシステム開発や運用・保守を推進。金融・流通・産業システム開発などの幅広い領域を守備範囲として、最新の AWS 技術にも深く関与する。独創的なアイデアでコスト削減の手法を創出し、企業の DX（デジタル変革）を主導する。第 2 章の執筆を担当。

■小林 直貴（こばやし なおたか）

システムインテグレーターでインフラの設計や構築、運用・保守に長年携わる。その後、大手証券会社で OA 系インフラ案件の企画立案やプロジェクトマネジメント、ユーザーサポートチームのマネジメントなどを担当。2019 年より SBI 生命保険株式会社でインフラ責任者として、AWS 環境への全面クラウド化を推進。第 1 章の執筆を担当。

もっと絞れる
AWS
コスト
超 削減術

2024 年 3 月 18 日　第 1 版第 1 刷発行

著　者	池山 徹、狩野 泰隆、小林 直貴
発行者	森重 和春
発　行	株式会社日経 BP
発　売	株式会社日経 BP マーケティング
	〒 105-8308
	東京都港区虎ノ門 4-3-12
装　丁	葉波 高人（ハナデザイン）
制　作	ハナデザイン
編　集	安藤 正芳
印刷・製本	図書印刷

ⓒ Toru Ikeyama, Yasutaka Kano, Naotaka Kobayashi 2024
ISBN 978-4-296-20465-6　Printed in Japan